U0100605

大展好書　好書大展

品嘗好書　冠群可期

鑑往知來 4

『孫子』給現代人的啟示

陳羲　主編

大展出版社有限公司

前言

在二十一世紀來臨的今天，我們所面臨的，是一個急遽變化的時代。世界固然如此，就是我們的國家、商場、家庭和一般人的日常生活，也莫不隨著而有了很大的改變，因為這樣，更導致人們價值觀的不同，這些改變來得如此迅速而劇烈，所以在人與人相處的人際關係上，造成了難以調適的困難。

對這樣的情形，我們該採取什麼因應措施，才能使自己能有個圓通、順利的人生呢？我們以為古籍將能為我們提供許多資訊和答案。

所謂「鑑往知來」，即明識往事，可以推知未來。例如，我們閱讀史書，多識古事，可以鑑往知來，有助於做人、做事，甚至為政治國。

在古籍裡，無論歷史著作、文學作品、哲學思想、處世訓誡，或兵法，都是經過激烈的政治環境的變化過程而完成的，因此，書中的人物透過作者的文筆，呈現出來的思想，是很可以作為我們參考的。何況，這些古籍都經過悠久歷史的考驗，而被流傳下來，自然最能為我們提供適應生存與變化的學問。

另外，古籍作品的可貴在於，在這些著作裡，它雖然表現出彈性的風貌，以期能適應中國長期以來政治變化多且大的環境，但是，在這些著作的精神裡層，每一部不同的書籍，都還保持著它們自己的主觀性的個性。

對現代的人們而言，我們所要探討的主題之一，是有關於心的問題。

……被周圍物質環境所包圍的空虛的心。

……很難再以合理的方式去抓住人們的心。

生活在今天的社會，雖然物質生活不虞匱乏，但是，許多人多多少少曾遭遇過有關心靈的問題。而在這一方面，古籍是能有所幫助的。因為，時代、社會制度雖然在改變，然而人的心靈卻終究是不大有變化的，而古籍卻能幫助我們透徹的了解到心的深處。

這就是為什麼在醫藥如此發達的現代，而中國醫藥的方法仍被世人重視的原因。中國的醫藥重於改變體質，可以使現代醫學難以治療的慢性病痊癒。我們以為，古籍也能將現代人有病的心，予以治癒。

這套叢書就是以這樣的觀點，將歷史、思想、文學等古典作品集合起來，希望給現代社會帶來一些貢獻。

古籍相當繁多，我們擇取與現代社會有關的作品，並從此作品中選出意義較深的名言，加以解釋和說明，這也可以說是抽取精義的一種作法。

經歷了數百年，甚至數千年考驗的先人的遺產，若對今日社會人心的智慧有所啟發。或以之作為人生的指南針，為人們帶來些心靈的安靜，或對諸位有任何幫助，這是本叢書出版者最高與和光榮的事。

編著群

目錄

前言……三
解題……一三
一、戰爭不宜默默開始……一九
二、預測勝負的七計……二〇
三、組織應該抱定目標……二一
四、「天時」與「地利」……二二
五、統治者應該具有的五種德性……二三
六、不戰而勝的心理戰術——詭道……二四
七、切勿自誇能力……二五
八、切勿隨意展現自己內心的想法……二六
九、製造對方心中的混亂……二七
十、不費吹灰之力即可打倒對方的秘訣……二八
十一、了解對方的慾望……三〇
十二、適當禁止對方的行為……三一
十三、切勿與頑強的敵人正面對抗……三三
十四、最高明的挑撥方法為掌握對方的心理……三四
十五、出手不高明必會助長對方的氣勢……三五
十六、切勿被可怕的離間計所騙……三六
十七、切勿打沒有把握的仗……三七
十八、抗敵貴在拙速……三八
十九、持久戰……三九
二十、優點與缺點之間的關係……四〇
二十一、禍福相隨……四一
二十二、切勿抱持膚淺的主觀……四二
二十三、凡事要有計劃才能產生效率……四三

二十四、有效的節省之道……………四四
二十五、推動人的兩大要素——心與物…四五
二十六、有效利用勝利的成果…………四六
二十七、牢記戰爭的目的………………四七
二十八、以不傷害他人為獲勝的最大目標…四八
二十九、百戰百勝並非最好……………四九
三　十、實際相互鬥毆的方式為下下策…五〇
三十一、勿將武力視為進攻的唯一方法…五一
三十二、戰前應有充足的準備…………五二
三十三、處於劣勢最好走為上策………五三
三十四、鰍魚混在魚群裏………………五四
三十五、左右國家存亡的是君主和輔助者…五五
三十六、君主若多管閒事會帶來損害…五六
三十七、企業管理的五大原則…………五七
三十八、要有共同的目標才能推動人…五八
三十九、既交給對方就讓他隨意去做…五九
四　十、盡力使成功的機率接近百分之百…六〇
四十一、不要勉強地想要「獲勝」……六二
四十二、攻守的原則……………………六三
四十三、防守戰術與進攻戰術…………六四
四十四、在不知不覺中獲勝才是真正的
　　　　取勝……………………………六五
四十五、賣弄技巧的行為具危險性……六六
四十六、善戰者不採取勉強的作戰方法…六七
四十七、實在的東西總是不顯眼的……六九
四十八、保存自己的實力去消滅敵人…七〇
四十九、開戰後才想要取勝已來不及了…七一
五　十、何謂領導者的機能？…………七二
五十一、徹底的測量主義………………七四
五十二、最高的形是無形的……………七五
五十三、毫無編制就如烏合之眾………七六

五十四、命令的傳達必須明確……………七七
五十五、為了安全必須確實地取勝…………七八
五十六、分別使用「正」與「奇」………七九
五十七、由常規出發而後廢棄常規………八〇
五十八、無限地湧出構想的方法…………八一
五十九、搭配「正」與「奇」……………八二
六　十、活用乘勢之力……………………八三
六十一、緊張是力的泉源…………………八四
六十二、乘勢而動集中力量而勝…………八五
六十三、雜而不亂的組織才夠強大………八六
六十四、太平之中潛藏著混亂的種子……八七
六十五、乘勢之力遠超過個人的力量……八八
六十六、造勢的方法………………………八九
六十七、不安定與困境是發展的原動力…九〇
六十八、必須先到達戰場…………………九一
六十九、任何場合都要掌握主導權………九二
七　十、不斷地震懾對方…………………九三
七十一、做別人不願做的事………………九四
七十二、必勝的進攻和絕對安全的防守…九五
七十三、致命傷不要被人識破……………九六
七十四、兵法不是普通的技術……………九七
七十五、衝對方之虛………………………九八
七十六、逃亡時要迅速……………………九九
七十七、如何使不願動手的對方動手……一〇〇
七十八、不願意時則躲避使對方撲空……一〇一
七十九、以集中的友軍去擊敗分散的敵人……………………………………一〇二
八　十、精神過於分散就會失敗…………一〇三
八十一、事前調查與安排的重要性………一〇四
八十二、實踐後還要確認…………………一〇五
八十三、不能隨便講究「體面」…………一〇六
八十四、以軟構造對付變化………………一〇七

八十五、以順應對方來支配對方……一〇八
八十六、沒有絕對不變的東西……一〇九
八十七、曲線的思考法——迂直之計……一一〇
八十八、將缺點變為優點……一一一
八十九、有利恐怕變為不利……一一二
九　十、越親密的對方越要了解其真心·一一三
九十一、狀況不明要如何採取行動……一一四
九十二、投入未知的領域時……一一五
九十三、何謂「戰術」？……一一六
九十四、為了獲勝必須採取各種行動……一一七
九十五、成果的分配要公平、大方……一一八
九十六、統一團體意志的情報任務……一一九
九十七、個人的獨斷獨行會腐蝕組織……一二〇
九十八、攪亂對方的心理……一二一
九十九、何謂「治氣」？……一二二
一〇〇、何謂「治心」？……一二三
一〇一、何謂「治力」？……一二四
一〇二、何謂「治變」？……一二五
一〇三、如何擊敗佔優勢的敵方……一二六
一〇四、如何應付有後盾仗勢的對方……一二七
一〇五、提防詐敗逃走的敵軍……一二八
一〇六、如何說服想不開的對方？……一二九
一〇七、不要撲向誘餌……一三〇
一〇八、歸心是無法阻止的……一三一
一〇九、包圍敵軍後要留個退路……一三二
一一〇、勿靠近被追得走頭無路的對方·一三四
一一一、至少要有某種限制……一三五
一一二、不要拘束於手段而忘掉目的……一三六
一一三、不要爭取無意義的事……一三七
一一四、不要做個唯唯諾諾的人……一三八
一一五、僅知地形也無法得到地利……一三九
一一六、不指望人也不推卸責任給別人·一四〇

一一七、使領導者自取滅亡的陷阱……一四一
一一八、調動人的時機非常重要……一四二
一一九、使人引起工作意願……一四三
一二〇、以利益拉動人心……一四四
一二一、察覺了徵兆之後便要訂立對策·一四五
一二二、山、河、濕地、平地的佈陣法·一四六
一二三、速離開不易行動的場所……一四七
一二四、管理上的情與規律……一四八
一二五、平常的信賴很重要……一四九
一二六、看清地形是將領的重要任務……一五〇
一二七、兵敗如下是將領的責任……一五一
一二八、部下有能幹部無能即無秩序……一五二
一二九、幹部有能部下無能組織即脆弱·一五三
一三〇、指導系統不一致組織易崩潰……一五四
一三一、這樣的將領會使戰鬥部隊混亂·一五五
一三二、不考慮客觀情勢便會失敗……一五六
一三三、同情部下的結果……一五七
一三四、不要讓部下變成「任性的兒子」……一五八
一三五、抱持著信念即使是君命也不服從……一五九
一三六、無價之寶的指導者……一六〇
一三七、要了解敵軍與友軍的實力……一六一
一三八、勝敗被「場所」左右……一六二
一三九、開始出動後即不要猶豫……一六三
一四〇、能對付變化無常的人才能生存·一六四
一四一、九地法——適應環境的心理戰·一六五
一四二、分化敵方的內部……一六六
一四三、不要忘記勝負的成本計算……一六七
一四四、中止人的行為方法……一六八
一四五、弱小勢力的生存方法……一六九
一四六、做什麼事都不要半途而廢……一七〇

一四七、死地之計——追逐到底全力以赴……一七一
一四八、不要使部下產生動搖……一七二
一四九、放棄派系主義……一七三
一五〇、面臨危險時即要團結……一七四
一五一、政治優先於軍事……一七五
一五二、想太多即不能行動……一七六
一五三、徹底的秘密主義……一七七
一五四、到樓上去把梯子拆掉……一七八
一五五、「變化管理」的手續……一七九
一五六、按照老辦法，給人的印象不深……一八〇
一五七、事實是第一……一八二
一五八、追逼部下使之全力以赴……一八三
一五九、為對方的立場設想……一八四
一六〇、開始的時候像個處女……一八五
一六一、胡亂地放火沒有意義……一八六
一六二、確認「為何要這樣做？」……一八七
一六三、分辨成敗的時機……一八八
一六四、火攻的各種戰術……一八九
一六五、火攻與水攻的比較……一九〇
一六六、不要僅注意勝負而忘掉目的……一九一
一六七、不要憑著感情意氣用事……一九二
一六八、為了收集情報不可吝惜費用……一九三
一六九、收集間諜所提供的活情報……一九四
一七〇、間諜可分為五個種類……一九六
一七一、最值得信賴的人才能充當間諜……一九七
一七二、不能使用間諜的君主……一九八
一七三、整理對方的人物資料……一九九
一七四、獨特的敵情觀察法……二〇〇
一七五、要提防甜言蜜語……二〇一
一七六、根據動植物的動態察覺意外……二〇二
一七七、根據塵土形狀可知敵人來襲……二〇三

一七八、不要被「自命不凡」所乘……二〇四
一七九、越沒有實力者越愛逞強……二〇五
一八〇、吸引對方注意的「半進半退術」……二〇六
一八一、天空有鳥兒成群時……二〇七
一八二、旗幟動搖表示內亂……二〇八
一八三、幹部著急部下掃興……二〇九
一八四、越不受歡迎的上司越會囉唆……二一〇
一八五、隨便賞罰證明已陷入了僵局……二一一
一八六、不要玩弄武力、貪圖勝利……二一二
一八七、情勢一定會有所變化……二一三
一八八、用犧牲部隊法來進行誘敵作戰·二一四
一八九、賞罰雖必要但並非萬能……二一五
一九〇、用兵須知八條……二一六
一九一、帶來必勝的五個要點……二一七
一九二、遭致必敗的五個要點……二一八
一九三、天時、地利、人和的相互關係·二一九
一九四、典型的不中用上司……二二〇
一九五、不可佈陣的地方……二二一
一九六、前衛與後衛要保持密切聯繫……二二二
一九七、按狀況鼓勵的方式也不同……二二三
一九八、用不同的手段對付不同的敵人·二二四
一九九、何種缺陷會招致敗北……二二五
二〇〇、強的不是永遠強，弱的不是永遠弱……二二六

解題

掌握人性的「勝負哲學」

一看到「孫子」就會聯想到「兵法」，「孫子」可以說是「兵法」的代名詞。兵法是怎麼產生的呢？簡言之，兵法就是歷史悠久的中國所擁有的獨特戰略體系。這種戰略體系並不是單純的戰略技術，而是在每個鬥爭的場合中，能精確地掌握住人性，並攻敵致勝的深奧哲學。

當然，兵法雖也有其流弊，但在相隔了二千多年後的今天，社會體制與物質條件都有很大的改變，人類鬥爭的方法也與古代大不相同，但是，兵法仍然可以做為經營組織和管理人員的依據，更可以做為領導者的領導方針；所以在現今社會裏，兵法仍有其存在的價值。

兵法的創始人據說是善於垂釣的姜太公（又稱呂尚，生於西元前十二世紀）。當姜太公不用餌就能釣到魚的消息傳到周文王的耳中時，文王對他說：「唯有你能輔助我完成周朝的基業。」果然，姜太公終於成為周朝的大戰略家。

姜太公所留下來的秘傳為『六韜』、『三略』，但事實上這些書是到了後世才全部完成的，所以，內容還包括了其他後人的見解。

真正將兵法寫成文字的是孫子。『孫子兵法』的最大特徵就是不以強硬的方式取勝，而是讓敵方的弱點在自然的情況下暴露出來，不攻即破。這不是騙術，而是一種策略；是把自己的力量做最有效的運用，以最小的犧牲換取最大的成果。

『孫子兵法』加上『六韜』、『三略』、『吳子』、『尉繚子』、『司馬法』、『李衛公問對』全稱為武經七書。

孫子是什麼樣的人物？

「孫子」與「兵法」息息相關，但「孫子」究竟是何人呢？在古代的中國社會裏，「子」乃對男性的尊稱，故「孫子」乃「孫先生」。

在中國被稱為「孫先生」的兵法大家有兩位，其中之一為春秋末期（約西元六世紀末）與孔子同時代的孫武；另一位則為一百年之後的孫臏。

傳說『孫子兵法』是孫武的著作，但也有人懷疑是孫臏所作，因為一九七二年四月，在山東臨沂縣所發現的漢代遺物中，有大批『孫臏兵法』的竹簡，所以，這兩種說法都被一般人所承認。

孫武生於齊（今山東省），為吳國（今江蘇省）的將軍。關於他在任期間的軼事，史記裏有詳細的記載。以下即其中一段。

吳王闔閭想看看「兵法的實際演練」，孫武就從宮中借來一百八十名美女編成一隊，並命吳王的寵妃為隊長。他讓全體成員配上武器，並操練各種動作。剛開始時，大夥嘻鬧不已，於是孫武又再重新教導一次，並發號施令，但是，宮女們依然笑個不停。

此時，孫武正色說道：「剛開始沒讓妳們了解是我的責任，而這一次妳們都已了解，卻仍不遵行，這就是隊長的責任。」說完，就要將吳王的寵妃問斬，吳王慌忙阻止，但孫武說道：「將在外，不受王命。」結果還是將寵妃斬了。

然後再任命新的隊長，並重新發號施令，此時宮女們不再嬉笑，認真地接受操練，動作十分整齊。據說宮女們當時操演的場所即今之蘇州，但是否屬實，就不得而知了。

史記中曾說道：「吳國乃西南之雄，打敗楚後繼續向北威脅齊、晉等大國，幾乎統一天下，這完全歸功於孫武的推動。」事實上，在吳攻楚之初，吳王原打算一口氣攻下其首都，但孫武制止吳王道：「此時人民已疲憊不堪，並非天時、地利、人和之時。」四年之後，楚國附近的小藩邦作亂，孫武乃建議吳王聯合這些小邦伐伐楚國，結果大勝。

關於孫武的晚年，史記中並無記載。傳說孫武自動告老還鄉，在太湖邊安度餘生。比其年代稍晚，而與之並稱的「吳子」，作風便迥然不同。吳子身為宰相，在政壇上十分活躍，不幸為其政敵所暗殺，無法完成心中大志。

總而言之，每個人都有自己的作風與生活型態，孰是孰非，無法一概而論。有人認為孫武繼承了『老子』的流派，而吳子則在後世被傳為『韓非子』，為法家之創始者。

另一孫子——孫臏

據說孫臏乃孫武的子孫，生於戰國中期，為齊國的軍師，年輕時被與他共同學習兵法的朋友——龐涓所騙，失去了兩腿，又以罪犯之身，被抓至魏都大梁（今河南省的開封），幸好被來魏拜訪的齊國使者救出，而到了齊國，成為齊將田忌的貴賓。

田忌好賭，常與王公大人賽馬為樂，根據史記記載孫臏曾為田忌獻上一計：先以自己最差的一匹馬與對方最好的馬比賽，然後再以自己最好的一匹馬與對方次好的馬比賽，接著才以自己次好的馬與對方最差的馬比賽，結果田忌只輸了一次而贏了二次，得到很多賞金。

在田忌的推薦之下，孫臏得到齊王的賞識，成為齊的軍師，但他卻以罪身為理由而辭去，經常在幌馬車（有蓬的馬車，適合殘廢者）上訓練軍隊，對外作戰屢建功勞。尤其在一次圍魏救趙的行動中，表現更為傑出；且因其熟諳各種作戰方法，所以在打敗魏軍的同時，追討魏將龐涓，完成復仇心願。

其兵法雖曾記錄在書上，但是否流傳至今已成一謎。根據考古學家所挖掘的竹簡，可判斷出其作品，但因遺漏太多，未能成為正式的經典。

『孫子』的結構

如今的『孫子兵法』是孫武之後六百多年的曹操，將孫武的著述整理並加以注釋而成。

『孫子兵法』（簡稱『孫子』）分為十三篇，以「計」為開端，最後則以「間」（了解敵情）為結束。並以「知己知彼，百戰百勝」為首尾之連貫。

1. 始計篇　作戰之前，要有完備的計劃。
2. 作戰篇　以最少的犧牲，得到最大的成果。
3. 謀攻篇　不戰而勝的方法。

4.軍形篇　實際作戰的方式。
5.兵勢篇　由「形勢」上的對峙轉變為實際的「行動」。
6.虛實篇　以我方的「實」窺視對方的「虛」。
7.軍爭篇　戰鬥的心得。
8.九變篇　出其不意的作戰方式。
9.行軍篇　步陣與觀察敵情的作戰方式。
10.地形篇　配合地形的作戰方式（可作為管理部下的方法）。
11.九地篇　配合實際狀況的作戰方式。
12.火攻篇　以火攻敵的作戰方式（可供指導者參考用）。
13.用間篇　了解敵情的活動。

括弧內的解釋是以現代人的眼光來看，由於『孫子』的原文解釋比較抽象，讀者恐怕不易了解。

一、戰爭不宜默默開始

兵者國之大事，死生之地，存亡之道，不可不察也。（始計篇）

『孫子』一開始就談到「兵」，「兵」包括了戰爭、軍隊、兵士、戰略等各種意思，在此則指戰爭。

「兵者，國之大事，死生之地，存亡之道，不可不察也。」

戰爭開始時，聲勢大的可佔上風，從聲勢的大小就可得知這場戰爭的規模；除了戰爭以外，在日常生活中採取某種行動之前的聲勢也很重要。

孫子告誡世人，在決定做某件事情之前，必須先考慮「五事」，因為要圓滿完成一件事情，就一定要符合此五大要項：

1. 道：民意統一才是基礎。
2. 天：要有適當的時機。
3. 地：環境的條件要良好。
4. 將：指導者要英明。
5. 法：組織、制度、營運都要健全。

二、預測勝負的七計

主孰有道，將孰有能，天地孰得，法令孰行，兵眾孰強，士卒孰練，賞罰孰明，吾以此知勝負矣。（始計篇）

孫子認為要預測一場戰爭的勝負，必須從各種角度去觀察，尤其要掌握敵我之情，才不致於做出錯誤的決定。

預測戰爭的勝負與預測事情的成敗一樣，可由下列七個項目來觀察。

第一：領導者是否採取明確的方針。

第二：指導者是否具有不凡的能力。

第三：就實際情況來說，敵我何者的地位較為有利。

第四：管理者是否負責。

第五：成員們（或士兵們）是否勇敢。

第六：成員們（或士兵們）的經驗是否豐富。

第七：領導者對於業績（或戰果）的評論是否公平。

三、組織應該抱定目標

道者令民與上同意，可與之死，可與之生，而不畏危也。（始計篇）

身為一個組織的統治者，必須注意「五事」（即五大要項，請參考第一則），其中最重要的就是「道」。因為「道」者令民與上同意，可與之死，可與之生，而不畏危也。

自古以來，對於「道」的解釋各不相同，有人解釋此道乃「王道」，也有人持相反的看法，認為此道乃「權道」。

『孫子』上所說的「道」，以現代人的眼光來看，可解釋為「目標」。凡可做為全體人員工作或計劃時，所認定要達到的標的，都可稱之為目標。

無論是基於利害關係、使命感、危機感或一時氣憤……只要組織內的每一個成員都能一致行動，組織就能活潑起來，而迅速達到既定的目標。

一個優秀的領導者，必能在極自然的情況下，促使全體人員團結一致。

四、「天時」與「地利」

天者陰陽・寒暑・時制也。（始計篇）

「五事」（請參考第一則）中的第二為「天」，也就是說，決定勝負的關鍵在於「天時」。

對古人而言，「天」乃至高無上的萬物之主。「聽天」就是「服從天命」，「天」是偉大的，必須崇拜。

然而，孫子對於「天」的看法，卻有其獨到之處。他認為「天時」也就是現代人所指的「適當時機」。

「天」與「陰陽」有著密切的關係。有人一看到「陰陽」就聯想到占卜，但孫子的觀念並不如此狹隘。他認為透過天體的運行來解釋陰陽最為適當。夜、曇天、雨天都是「陰」；晝、晴天則為陽。

此外，「天」與「寒暑」也有關，而寒暑二字就是指著氣候的冷熱及四季的變化。

「時制」為時間的表示，它包括一切的時間要素。孫子認為「天」與「時」有關，此乃「天時」之由來。

孫子又曾說：「地有遠近、險易、廣狹、死生。」這就是在指環境的條件。環境條件好者，謂之「地利」。一件事情的成敗，「天時」與「地利」都很重要，身為統治者必須特別注意。

五、統治者應該具有的五種德性

將者智、信、仁、勇、嚴也。（始計篇）

孫子認為統治者應具備下列五種德性：1.智（聰明的頭腦），2.信（值得部屬信賴），3.仁（有人情味），4.勇（勇氣），5.嚴（公正的態度）。

日本有些兵法家認為這五種德性應按順序排列，例如，江戶前期的學者山鹿素行曾在『孫子諺義』一書中說道：「太公望在『六韜』中說道：『將必須具備勇、智、仁、信、忠』，那是因為當時乃太平時代，人們大多已失去勇氣，所以太公把『勇』放在第一位；而孫子所處的乃戰亂時代，故他認為『智』最為重要。」

然而孫子卻又認為這五種德性也是統治者所無法避免的缺點。以「仁」來說，具有人情味的統治者應該很受部屬的歡迎，但如果過於沈溺人情味之中，又該如何領導部屬呢？

由此可見，凡事從積極與消極兩方面來解釋，會產生很大的差別，而且任何事情都有正反兩面。孫子能從這兩面看出人性的矛盾，也正是其過人之處。

六、不戰而勝的心理戰術——詭道

兵者詭道也。（始計篇）

依照字面上的解釋，「戰術」也可以說是「欺騙對方的方法」。『孫子』之「軍事爭論篇」中有言：「兵者，詭道也。」由此可見，戰爭之原始意義乃欺騙對方。

事實上，『孫子兵法』是一本很符合科學化的兵法，因為它主張不以直接攻戰而取勝，這種「不戰而勝」的主張，可說是一種「心理戰術」。所以，有很多人並不贊同孫子的看法，認為他的兵法不能涵蓋一切戰術。

把『孫子兵法』解釋為「欺騙對方」並不正確，因為孫子的真正用意並不在於「騙人」。現代社會上所流行的「騙術」，與「孫子兵法」完全無關。

『孫子兵法』所講求的不是個人的力量如何，而是應如何超越個人的力量，在很自然的情況下取勝對方。但是，個人的力量如果運用不當，就會成為「騙術」，這是『孫子兵法』的可貴之處，也是我們在讀『孫子』時必須注意的地方。

七、切勿自誇能力

能而示之不能。（始計篇）

每個人的能力都有程度上的差別，因此，有人感到優越，有人感到自卑，前者得意洋洋，後者信心盡失。「自誇」乃人之常情，無可厚非，尤其是處在重視自我宣傳的現代社會裏，若是默默不語，可能遭到淘汰，所以，很多人不斷自我炫耀以期引人注目。

這種處世態度的缺點，在於即使成功，也給人不過是浪得虛名的感覺，且往後還得為這個虛名付出很大的代價，所以，孫子說道：「能而示之不能。」

記取孫子的訓誡，必可減少別人的嫉妒，且能從他人身上學到更多知識。當本身的才能受到他人的肯定時，信心將更為堅定、生活將更為充實。

這就是孫子所說的「詭道」。

八、切勿隨意展現自己內心的想法

用而示之不用。（始計篇）

「孫子」中的「用而示之不用」，也是「詭道」之一，其應用的範圍很廣。當自己認為某物品很值得珍藏時，就希望對方也能高估此物；但對於自己不需要、不喜歡的東西，就希望對方降低價錢，一般人常很輕易地流露出自己內心的想法。而孫子認為聰明的人，不會輕易顯露自己的想法，但也不會永遠隱藏自己，他會在最適當的情形下，很自然地表現出自己的才華。

這就是所謂的「用而示之不用」。

現今的社會裏，很多人常認為自己的想法很好而得意忘形，如此作為不但無法得到他人的支持，還會遭人反感，真是不智之舉。

總之，無論自己有多好的想法或能力，都不要隨便表現出來，唯有適時適地，才能顯現其價值。

九、製造對方心中的混亂

近而示之遠，遠而示之近。（始計篇）

『孫子』中有云：「近而示之遠，遠而示之近。」這也是自古以來，在實際的交戰中常採用的方法。

日本有名的武將武田信玄，就是運用這個方法最徹底的人。在他生平第一次出陣時，就曾使用此法，可說是將孫子兵法發揮了最大的功效。

他十六歲時，曾隨父親信虎去海口城攻打平賀源心，這也是他的第一次出陣。由於平賀防守堅固，始終攻打不下，一個月後因死傷慘重，信虎只好撤軍。

此時信玄向其父建議，表面上撤軍，實際上暗中紮營，利用午夜時分再回頭以火攻方式突襲平賀軍。果然使平賀軍全軍覆沒，連平賀本人也被誅殺。

這個方法可說是：「詭道」中最好的一種。

製造對方心中的混亂，容易使自己達到目的。除了實際上的戰爭，談判、說服等人際關係，也可以運用此法。

十、不費吹灰之力即可打倒對方的秘訣

善動敵者，形之，敵必從之。（兵勢篇）

這個項目可說是「孫子兵法」中的重點之一。

擁有強大的武力，常可輕而易舉的控制對方。只要具有武力，任何人都有獲勝的希望，而不需要採行什麼兵法。

然而，除了武力之外，還要能使對方臣服——這也就是「兵法」的價值所在。依據兵法，就可不需要任何武力，而使對方掉入自己設好的陷阱。如果擁有武力的人也能重視兵法，以最小的犧牲換取最大的代價，不是更好嗎？

不費吹灰之力就可打倒對方的兵法稱為「示形術」，也就是以「引誘」的方式使對方吃虧上當。

舉例而言，戰國時代（西元前四世紀），魏軍渡過黃河，包圍了趙都邯鄲，趙

向同盟國齊求救，齊王接受請求，打算立刻派兵至邯鄲為趙解圍，然而被軍師孫臏所阻，他說道：「當兩國相爭，你想援助其中一方時，最好不要直接派兵去，若能改以圍攻另一方，自然就可替原來那一方解圍。」

齊王聽從孫臏之計，不直接前往趙都，而派兵前往魏都大梁攻打；如此一來，魏軍只好匆匆調回前線的軍隊，卻在途中被齊軍迎面痛擊而一敗塗地。

由這個故事乃引申出「圍魏救趙」的成語，其意為避開紛亂的現場，對有急難的一方出手援救。

「示形術」，在日常生活的人際關係中也經常使用到。例如男女之間的交往，與其勉強對方愛你，不如製造一種狀況，讓對方在自然的情況下喜歡你。

此外，在一般的商品廣告中也經常使用此法。業者們很少直接要求顧客打開錢包，而是製造出種種狀況，讓顧客產生「需要」的心理，自動買下此物。

推動部屬的原理也是如此。強迫的方式往往很難達到目的，必須製造使對方產生幹勁的情況，即「製造動機」才是上上策。而這種適用於現代社會的管理方法，早在二千多年前，孫子就已經知道了。

十一、了解對方的慾望

能使敵人自至者，利之也。（虛實篇）

『孫子』中說道：「能使敵人自至者，利之也。」與人交戰，最重要的就是要先了解對方的慾望，用能符合對方的利益，來引誘對方採取行動。

戰爭的動機有很多種，最常見的就是以利益為前提。無論在精神上或物質上，只要有利，人們就願意追求，對於一個沒有慾望的人，再大的利益也無法引誘他。只要能了解對方的慾望，掌握對方的心理，致勝的機會就很大；反之，自己內心的慾望若被對方洞悉，就很可能陷入對方所設下的陷阱。

人類的動機十分複雜，除了「利」之外，還有正義感、自尊心、榮譽心、情感……等等，所以，我們在觀察對方的慾望時，應該從各方面去考慮，才能做最正確的判斷。

十二、適當禁止對方的行為

能使敵人不得至者，害之也。（虛實篇）

孫子說：「能使敵人不得至者，害之也。」

發生戰爭時，雙方各有其立場，如果對方的行為在我方的預料之中當然最好，但一般而言，對方的行為大多與自己的想像不符。希望對方進攻時，對方常按兵不動；當你需要喘氣休息時，對方卻又進犯不已。所以說，如何禁止對方某項不符己意行為，是戰爭中重要的一種技巧。

要以強制的方法使對方停止某項行為是很困難的，甚至會引起對方的反抗。所以，當我們打算有所行動，或希望對方停止某項行動時，首先就要拋棄主觀，站在對方立場來想，如此必能掌握對方的動向。

根據某小學的研究報告指出，一般的小學生最不喜歡母親說的一句話就是「不行」。總之，禁止的性質愈強烈，產生的反效果也就愈明顯。

十三、切勿與頑強的敵人正面對抗

強而避之。（始計篇）

所謂「強而避之」，是指當對方的力量比自己強勁時，應儘量避免正面衝突。這不是怯懦，而是識時務。孫子認為戰爭的目的在取勝，面對強敵時，不要抱著「玉碎」的心理，應以變通的方法應付。

一般人大多認為「逃避」是一種卑微、可恥的行為，但是，孫子以為「逃避」並不是一味閃躲，而是在觀察局勢後，以退為進，適度地調整前進的步伐。

在中國古老的處世方法中，有許多以退為進的例子。以「逃」字而言，其主要意義乃在觀察局勢的演變後，視其必要再把自己隱藏起來。例如當我們走在路上，忽然一部車子從前方衝過來，為了躲避，我們必須繞道而行，謂之「逃」。

所謂「避」，則指為了維護本身的安全，找尋其他可行的方法，而等待時機的來臨。以前面所舉的例子來說，為了不使自己被車子撞到，先不走原來的路，等時機成熟了，再回原路，以求順利通過。

此外還有一個字——「遁」，其意即一邊等待、一邊努力向目標前進。就如前面所說的例子，雖然改變了道路，還是不停止，一步一步、小心翼翼的向前。

由上述種種來看，便知道真的「逃避」，是以退為進，它是一種積極的處世態度，更是成功不可缺的重要因素。

沒有感知，不算是真正知道；沒有看見，不算是真正見到。折斷了三次手臂就可成為好醫生，對事務接觸一次，就學到一樣本事。人不能每件事親自實踐。善於學習，善於積累，是人類不斷進步，也是社會不斷發展的重要原因。

十四、最高明的挑撥方法為掌握對方的心理

怒而撓之。（始計篇）

一般人喝醉時，難免會胡言亂語；而一個人若被激怒了，則脾氣常無法收斂。但是，一個人在爛醉與發怒時，所表現出來的言行舉止未必就是其真意，所以，這種在無心之下所犯的錯誤是最常見，也是最令人悔恨的。

一般人一旦興奮起來，內心就會失去平衡，且影響到其外在行為，而孫子根據了這點，發現了一種制敵獲勝的方法。

日本劍聖宮本武藏，就是運用了孫子這個理論，擊敗了劍豪佐佐木小次郎。宮本故意在約定的時間內遲到，等佐佐本盛怒不已時才突然出現，在對方心緒大亂的瞬間拔劍一擊，佐佐木便一敗塗地了。

歷史上有名的大會戰也常使用這種原理，例如，劉邦與項羽的戰爭中，就曾出現過「舌戰」，以擾亂對方的心緒。

雙方交戰時，除了武力之外，若能先使對方的心理失去防備後再加以擊潰，必可獲得事半功倍的效果。

十五、出手不高明必會助長對方的氣勢

卑而驕之。（始計篇）

西元前六～五世紀時的中國，正是戰國時代吳越相爭最烈之際，有名的「臥薪嘗膽」故事，就是在此時所發生的。

吳越相爭十年之後，越國被吳國攻下，越王不但成為服侍吳王的僕從，還要不斷地供奉禮物與美女，這一切越王勾踐完全照做了，且絲毫不抵抗。

實際上，這是越王一種「卑而驕之」的作法，使吳王失去警戒心，然後在暗中自我充實，等待反攻時機。據說這完全是越國賢臣范蠡的計策。

在十年之後，越國一舉滅了吳國，整個局勢就改觀了。

「孫子兵法」中，曾引用了『老子』的一句話：「愈想緊縮物體，物體愈會伸張；愈想削弱對方，對方益發堅強。」由此可見，做事的方法若不高明，反會助長對方的氣勢，使自己的失敗機率更加提高。

十六、切勿被可怕的離間計所騙

親而離之。（始計篇）

日本有名的武將織田信長，最擅於使用離間計，所以，他能以微薄的力量統一天下。換言之，由於他能徹底瓦解對方的心理防備，使得對方的內部分崩離析，而能得到最後的勝利。

在當時的美濃戰役中，織田信長以懷柔政策籠絡齊藤家的家臣，並使用離間的方式瓦解對方的士氣，然後在江近姊川淺井發動朝倉之役，終於一舉擊敗了強而有力的穴山梅雪，而獲得全勝。

在中國歷史裏更是不乏此例，尤其在魏、蜀、吳鼎立的三國時代，挑撥離間的戰略更經常被使用。

在現代社會中，離間計更是司空見慣的伎倆。很多人為了保護自己，不惜使用此法，造成朋友、同事甚至親人之間的怨隙。但事實上，這並非孫子的本意，所以在研究孫子兵法時，對於此計之運用必須慎重，並應隨時自我警惕。

十七、切勿打沒有把握的仗

多算勝，少算不勝。（始計篇）

凡事最難的部份就在於決定要不要做，尤其身為領導者，對於這種關鍵性的問題，更要審慎考慮。

殷商時代（約西元前十一世紀）的人們，以龜甲與獸骨占卜來決定事情是否應該實行，後來漸漸地演變為「廟算」，即君主將大臣們集合在寺廟之前共商大事。

孫子發現了很多決定事情的方法，不是問卜求神，也不是請示君主，而是根據各種客觀的因素加以判斷。也就是根據「五事」（參考前面第一項）與「七計」（參考前面第二項）來比較敵我的情勢，然後決定開戰與否。如果有勝算，則勇往直前；反之則應避免開戰。

不可否認的，在現實中有很多無法事先預測的意外，然而無論如何，孫子這種觀念，已被廣為運用在今日的各行各業中了。

十八、抗敵貴在拙速

兵聞拙速，未睹巧之久也。（作戰篇）

很多人認為行動的速度愈快愈好，可是孫子卻不以為然，他認為兩軍交戰時，愈能持久的一方，愈佔上風。

他說：「一般的戰爭都講求速戰速決，其實好的戰術必須能持久。」他又補充道：「長期作戰，會使對方的兵力耗損、氣勢衰竭、攻擊力減弱，此時我軍一舉進攻，必可獲勝。」

在兵勢篇中孫子曾說道：「猛獸在獵取食物時，總是採取瞬間突襲的方式，瞬間過後，力量就減弱了。」這也正是一般人喜歡速戰速決的理由。一股作氣所產生的力量，必然十分可觀，但經過一段時間後，氣勢就會減弱。所以善於用兵的人，總是會打拖延戰。

瞬間可發揮強大的力量，所以，我們不妨將此點應用到日常生活中，相信會有很多收穫。

十九、持久戰

兵久而國利者，未之有也。（作戰篇）

一般而言，激烈的戰爭往往無法持久，而無法速戰速決的長期戰爭，也往往包藏著各種陷阱。

「孫子」中有云：「兵久而國利者，未之有也。」這話說得很有道理。

在蘆溝橋事變發生後的十個月（也就是一九三八年的五月），毛澤東在發表有關抗日戰爭目標的「持久論」中說道：「我們不利於速戰速決，所以最好拖延。也許有很多人盼望這個戰爭趕快結束，但在沒有完全把握的情況下，還是有必要加以拖延。」

他又說道：「戰爭一旦發生了，需要多少時間誰也不能預測，必須就敵我之情勢做客觀的判斷，想縮短戰爭的時間，唯一的方法就是增強自己的力量，並削弱對方的力量。而要如此，就必須拖延戰爭……」

二十、優點與缺點之間的關係

不盡知用兵之害者，則不能盡知用兵之利也。（作戰篇）

任何事情都是有利有弊，從表面看來，「戰爭」有利的誘因大於其弊害，但如果缺乏通盤的計劃，即使獲得一時勝利，也會帶來災害。

現今的中國大陸，表面上實行新政策，但實際上也只限定於某些特定地區，大部份的地方還是十分落後。如果有關單位能夠衡量新政策的優缺點，做整體性的改革，必可以收宏效。這也就是「孫子兵法」中的觀念。

如果凡事都過於重視表面的宣傳，而不冷靜地探討可能產生的負面影響，將不會有好的結果。

除了新政策的推行必須注意到優缺點以外，在用人方面也應如此；與其不斷地批評屬下的缺點，不如適度地給予誇獎，相信必能使屬下發揮所能。

正所謂眼光明亮的人，才能看清遠方的東西，聽力敏銳的人，才能聽進關於道德的言論。

二十一、禍福相隨

智者之慮，必雜於利害。雜於利而務可信也。雜於害而患可解也。

（九變篇）

一般人的觀念裏，總認為凡事的結局如果很好，此事必定就是好的；結局如果是壞，此事必定就是不好的。然而從歷史的興衰中，我們可以了解世事皆無絕對，必須從多方面加以評定。中國古代著名的思想家「老子」，就是最能把事情分成正反兩面去探討的人。

在『淮南子』一書中，有一個「塞翁失馬，焉知非福」的故事。大意是說：塞翁雖然丟了一匹馬，但卻獲得了很多小馬；馬兒雖然增多，他的兒子卻也因騎馬而受傷了；兒子雖然受傷了，卻因此而免於參加戰爭。禍變成福，福變成禍，所以某種情況的發生到底是福還是禍，實在很難加以定論。

「孫子兵法」中常提到「禍福相隨」。認為禍福是一體之兩面，沒有悲喜的必要，這種想法與老子的正反思想不謀而合。一個人若因成功而得意忘形，那他這次的成功，很可能會成為下次成功的絆腳石；反之，當一個人失敗時，若能從其中記取教訓、努力向上，這次的失敗將是他下次成功的基礎。

二十二、切勿抱持膚淺的主觀

知彼知己者，百戰不殆。（謀攻篇）

聖人把禍患消滅在萌芽狀態，然後才能制止禍患，並把禍患變為福音。對事情若以主觀的態度去面對，將會出現膚淺而幼稚的見解。

毛澤東在他的「矛盾論」中引用了孫子的思想，認為：「凡研究問題，千萬不可抱著主觀的態度，否則必會引起夜郎自大的觀念，而只知陶醉在順境，不知如何度過困境；只知緬懷過去，不知如何計劃未來；只知個人私利，不知整體公益；只知誇耀優點，不知如何改正缺點，無法看出問題的癥結所在，提出正確的解決之道。唐朝魏徵曾說：『一個人如果能廣徵善言，就可使自己變得聰明；如果只接受偏頗的意見，必使自己陷於愚蠢之中。』這就是強調凡事切勿侷限在片面的見解之中。」

他又說道：「事實上，孫子兵法很符合現代科學。由他的觀念可知，雙方交戰後，失敗的一方往往是因為對於敵我之情的了解有限，甚至一無所知。」

二十三、凡事要有計劃才能產生效率

善用兵者，役不再籍，糧不三載，取用於國，因糧於敵。（作戰篇）

事情未到而事先有周詳準備，處理起來就寬舒有餘；事情臨頭才倉促應付，常常感到辦法奇缺。

過去的戰爭都是正面相對。孫子認為，一旦戰事發生，雙方都忙著征調人數、運送兵權、探測路線，如果發現有所缺失，就不斷檢討、改進，也就是所謂的「計劃性戰爭」。

一般而言，經過計劃的戰爭，比較能分出高下。

日本戰國時代的著名武將雄北條氏康，有一次看到他的兒子氏政吃一口飯，配兩碗湯，乃怒斥道：「身為武將應有良好的生活習慣，隨心所欲、不懂節制，如何保國家？」這話雖然嚴苛，但卻很有道理。其中的「節制」就是指計劃。

凡事預先計劃、按步就班，必可順利完全。古代戰爭講求謀略、現代經營則注重規劃，可見唯有按照計劃實行，才能產生效率。

二十四、有效的節省之道

智將務食於敵。（作戰篇）

當侵略者勢強力大，處於劣勢的一方運用此法最為有效。

據說在中日之戰中，中共的軍隊就是採用這種方法，在節節失利的情況下，毛澤東曾做了以下的指示：

「我們必須以消耗戰對抗敵人，引誘敵人上鉤。他們在倫敦、漢陽及世界各地都設有兵工廠，正好可以利用他們將那些產品運回給我們使用。這不是開玩笑，而是可能的事實，只要我們懂得運用戰術……」

孫子說過，戰爭時如果能把敵方的軍糧探聽清楚，當敵方吃了五十公升的米，我方才吃二十公升；敵方花了三十公斤的飼料，而我方才花了二十公斤時，最後必可打勝對方。

與其在失敗之後才憂心如焚，為什麼不在失敗之前嚴格要求自己呢？我們必須知道豺可以制老虎於死地，老鼠也可以傷害大象的。

二十五、推動人的兩大要素——心與物

殺敵者怒也。取敵之利者貨也。（作戰篇）

從戰爭中有實際戰鬥經驗的人口中得知，即使是敵對狀況，在發砲時難免還是會有所猶豫；而當戰友中彈受傷或死亡時，由於憤怒加上恐懼的情緒，在不知不覺中就會產生一股勇猛的精神。

從這個事實可以了解，在推動人力之前，應先仔細觀察對方的心態。

唐代張蘊古說道：「用人必須用心。」熱愛人是最大的寬厚仁愛，了解人是最大的智慧聰明。能正確了解人的人，用親眼目睹去糾正傳聞和謬誤。此乃帝王學之基本。

然而，每個人各有其立場，以「心」為出發點，未必就一定可以打動對方，此時，有關物質方面的作用也不可忽視。

「心」與「物」如同一部車的前輪與後輪，缺一不可。如今雖有二輪的交通工具，但不可否認，前後四輪一起移動還是最理想的。

二十六、有效利用勝利的成果

勝敵而益強。（作戰篇）

戰勝了自然高興，但如果得意忘形，就可能減弱了自己的力量而反勝為敗；如果善加應用勝利的成果，繼續充實自我，則本身的實力將益發穩固。所以，孫子勸告世人——「勝敵而益強」。

孫子認為：「在俘虜敵方兵車十輛以上時，應該獎勵立功者，並改變兵車的旗幟，編入我方的軍隊，但最重要的是給予敵兵良好的待遇，如此即可增強自己的力量。」

以現代人的眼光來看，一般人有了錢大多會吃穿花掉，揮霍無度，不知節儉，再多的財富也會傾家蕩產。但若能儘量存下來做有用的投資，就能富而再富，也就是孫子所說的「勝敵而益強」。

二十七、牢記戰爭的目的

兵貴勝，不貴久。（作戰篇）

冷靜的態度、理智的判斷，是戰爭致勝的主因。然而，當戰爭如火如荼地進行時，人們往往會忘了戰爭的目的，而瘋狂地拼鬥下去，直到兩敗俱傷。所以，孫子告誡世人，莫忘了戰爭的真正目的。

以現代人的觀點而言，很多「爭論」原本是希望對方了解自己的主張，然而往往因言詞過於激烈，而演變成互揭瘡疤、惡言相向，忘了最初的目的。

例如，夫妻原本在討論一部小說的情節，後來卻變成一場口角。類似這種爭論可說是一無是處。

說別人好，不把不好的說成好的；說別人不好，不把好的也說成不好的。人必須自愛，然後別人才愛他。

很多人往往會在不知不覺中使用非常激烈的手段以達到心中的目的，雖然這種精神很好，但方法卻值得商榷。希望每個人都能不斷自我反省，牢記每件事的真正目的。

二十八、以不傷害他人為獲勝的最大目標

用兵之法，全國爲上，破國次之。（謀攻篇）

這一句話有兩種解釋：一為「戰爭的原則，以不傷害自己的國家而達到目的為上策；受了傷害而取勝者為次之。」一為「戰爭的原則，以不傷害敵國，將之完整收歸己有為上策；將之損傷之後才收歸己有者為次之。」

中國的文章因用字簡潔，所以，在解釋時往往必須特別注意。若要詳實討論其是非則無任何意義。

總之，不以武力而勝者才是上策。

原文中的「全國」是指軍（軍團）、旅（旅團）、卒（大隊）、伍（小隊）等階層而言。

崇高原則的施行，所有的人都關心全體社會的利益，提倡彼此信賴和講究和睦相處。施行善政，無為清靜，猶如北極星之不移動，眾星都環繞著。

二十九、百戰百勝並非最好

百戰百勝，非善之善者也。不戰而屈人之兵，善之善者也。（謀攻篇）

這是「孫子兵法」中很有名的一句話，由此可知「孫子兵法」之價值。

自古以來，沒有一支軍隊永遠不敗，即使是常勝軍，也難免有失敗的時候。事實上，戰爭並不是目的，而是一種手段，所以，如果能不戰而勝是最好的。

用強制的力量使人服從，別人心裡並不服從，是力量不足罷了；用德行使人服從，別人內心高興，就會真心實意地服從。

人常會侷限於眼前的情勢，一旦對某事瘋狂時，就會全心投注其上，而產生見樹不見林的情況。例如，戰爭發生之後，愈打愈激烈，最後竟然忘了戰爭的目的。

軍備是國家為了本身的安全所產生的，若忘了這個原則，無止境地擴充下去，不但會危及他人，對自己也有所損害，可說是毫無意義的舉動。所以說，真正好的戰略是以智取，而非以武奪。

三十、實際相互鬥毆的方式為下下策

上兵伐謀，其次伐交，其次伐兵，其下攻城。（謀攻篇）

這句話是說，最好的戰鬥方式是用政治策略使敵人屈服；其次為斷絕敵人的同盟國，使之孤立；再其次為兩兵實際交戰；最不好的方法是親臨敵方的城下攻打。

有些書將「謀」解釋為「謀略」，此處解釋為「政治」，自有其更深的意義。事實上，謀的意義很廣，從孫子的思想來判斷，可知他所說的「謀」，是指不需用任何激烈的手段就可達到目的的方法。這種上乘之計是中華民族自古以來就有的智慧。

『吳子兵法』中曾提到「不在車騎之力量，而在於聖人之計謀」，其意是說兵車之力不稀奇，聖賢的智慧才可貴；『尉繚子』也說過：「不破壞士兵的盔甲所獲得的勝利，才是真正的勝利。以佈陣取勝者，乃將中之勝；不戰而勝者，才是君主之勝。」

中國人一向具有外交的智慧，所以只喜歡鬥嘴，不屑於實際的鬥毆。所謂「外交戰」乃類似舌戰，也就是一種不費一兵一卒就能打敗對方的戰術。其中的妙處就在於先以言語震懾對方，孤立對方，然後再一舉攻下。

三十一、勿將武力視為進攻的唯一方法

善用兵者，屈人之兵，而非戰也。（謀攻篇）

攻城貴在不攻自破，實地毀滅對方的做法並不能持久；在兼顧情理之下爭奪天下，才能使眾人心服。

孫子認為，想攻取敵人的城池時，最好不要一味地使用武力，而且為期不宜太長，如此才能使我方免於過大的傷亡，對方也能在尚未全軍覆沒的情形下離開。

國家的安全或危險，安定或動亂，原因在於主政者所施行的政策。能得到全國擁戴的人，只有更換政策法令，而沒有去更換國家的。

日本歷史上亦不乏以謀攻敵的武將，最有名的是西元十二世紀的後白河法皇與西元十六世紀的豐臣秀吉。

後白河法皇完全不以武力，只利用平氏與源氏之間的對立矛盾，就輕易地使平清盛、源義仲、義經等人屈服其下；而豐臣秀吉則採用外交手段，掌握各國間的經濟關係而統一天下；前者採陰之謀攻法，後者則採陽之謀攻法，各有千秋。

三十二、戰前應有充足的準備

用兵之法，十則圍之，五則攻之，倍則分之。（謀攻篇）

孫子兵法一再強調知己知彼，百戰百勝；換言之，先了解自己的實力後並加以應用，就可徹底地發揮作戰的威力。

一國的兵力無論多麼強大，如果不能善加運用，那麼，不管參加什麼戰爭都將無法取勝。

孫子說：「用兵之法，十則圍之，五則攻之，倍則分之。」這句話十分有理。唯有從容不迫的進行作戰，才是好的戰術，要從容不迫就必須事先有充分的準備。

但是，如果準備很充裕，卻輕易浪費，則將事倍功半，徒勞無功。

孫子認為所謂的充分準備是指兩倍、五倍、甚至十倍於對方的實力，如此才有獲勝的可能。

在現今社會裏，所謂的充分準備是指時間與金錢兩方面的相互配合，也唯有如此，才能圓滿達成目標。

三十三、處於劣勢最好走為上策

敵則能戰之，少則能逃之，不若則能避之。（謀攻篇）

此句話指如果能夠抵抗就可以戰，假如比敵人弱小就乾脆逃走，如果遇到的是抵不過的對手，就應避免正面作戰。也就是說，應先以兵力的多寡為基礎，再採取強弱的戰術。

人都喜歡活著，卻都以苟且偷生為羞恥；人都厭惡死亡，卻更崇尚自己的聲譽。因此，逃走是需要很大的勇氣和決斷力的。

孫子對「逃走」賦與了積極的意義，也留下了許多的名言。

「三十六計走為上策」第一次出現是在兵法書『三十六計』（五世紀末南齊的歷史『南齊書』中的最後一個項目。但是，據說現在所流傳的是指明末所列出的三十六項對策。）

『南齊書』根據孫子的精神，對該項目的解釋為：「當抵不過敵人的壓倒性強勢時，有投降、講和或逃走三個對策。投降是『全敗』、講和是『半敗』、逃走是『未敗』，未敗是未曾輸給敵人，所以，也可以成為獲得勝利的轉機。」

三十四、鰷魚混在魚群裏

小敵之堅，大敵之擒也。（謀攻篇）

這是訓誡一個人由於不能客觀、正確地評價自己的實力，而過於相信自己，明明是弱勢卻要逞強，終到優勢的強敵所殲滅。

原文的「堅」，自古以來即有各式各樣的解釋，例如「頑固」、「固執」、「太死板」、「不能臨機應變」等等壞的意思。

如果，把「堅」解釋為「堅固」、「精強」等好的意思，就可以將標題解釋為「不論多麼強勢，小魚畢竟是敵不過大魚的」。

總而言之，本節是在訓誡人應該了解自己的實力，採取恰如其分的對策。一個勉強做自己不能做的事、自不量力的人才是真的可笑。這就如同將「鰷魚混在魚群」中一般，鰷魚以為自己也是魚，所以便混在大魚之間一起嬉游。

不過，孫子卻沒有主張因小敵不過大，就要退卻或投降，他目的是在暗示一個人，自己弱小也沒有關係，不要勉強以「力」對抗，而應該以「策」來作戰，小也有小的優勢，應該把優勢找出來。

三十五、左右國家存亡的是君主和輔助者

將者國之輔也。輔周則國必強，輔隙則國必弱。（謀攻篇）

將軍是國家君主的輔助；君主與將軍之間若合得來，且如魚得水般，國家一定強大；但是如果兩者之間合不來或有了隔閡，國家必會衰微。

從中國歷代王朝的興亡歷史來看，即可明白，凡是被稱為賢明君主的，旁邊必定有優秀的輔助者，而且兩人之間一定非常合得來，沒有一點隔閡。

西元前十一世紀打倒殷朝建立周朝的周武王，有一個優秀的輔助者——弟弟周公旦。武王十分信賴周公旦，周公旦也拋棄私心報答他。

稱霸戰國時代的齊桓公也獲得名宰相管仲的輔助。齊桓公不記前嫌地重用曾與他敵對的管仲，管仲也以忠心耿耿來回報他的信賴。

在春秋時代的吳越爭霸戰中，吳王夫差懷疑輔助者伍子胥，進而逼他於死地；但是越王勾踐接受了范蠡的輔助，終於滅了吳。在秦末的天下爭霸戰中，項羽因為不信任軍師范增，結果被擁有眾多輔助者的劉邦所擊敗。

這種事例不勝枚舉。總而言之，應該注意的是，兩者之間的關係是相對的，彼此間人性的互相關懷不僅可以產生「隙」，也可以彌補「隙」。

三十六、君主若多管閒事會帶來損害

君之所以患於軍者三。（謀攻篇）

此句指君主往往會給軍事帶來三項災難。試列舉如下：

1. 君主完全不懂實情，不該進擊時卻下了進攻命令；不該撤退時卻下令撤退。
2. 不知全軍內部的事情而干涉軍事行政。
3. 忽視全軍的指揮系統而下軍令。

日本歷史上有一場戰爭恰好適用這個項目，也就是造成豐臣秀吉家滅亡的「大坂之戰」。當時的大坂城以真田幸村為首，結集了許多英雄好漢對抗德川東軍。雖然不能完全取勝，但至少能挽回劣勢，可是最後還是遭致全軍覆沒的命運。主要在於「君主格」的淀君插嘴軍事，多管閒事，她憑藉著感情干涉將軍們作戰，結果自掘墳墓。

孫子並未主張君主不該隨便插嘴和盲目蓋章，他主要強調的是：第一，不該不知實情而全憑靈機亂下命令。第二，不要忽略了組織。因為君主有君主的任務。真正認識到事務精髓的人，從不誇誇其談；好誇誇其談的人，往往不懂得真理。

三十七、企業管理的五大原則

知勝有五。（謀攻篇）

從「知勝有五」的道理中，衍生出了統率能力的五大原則。時代雖然改變了，體制也完全不同，但是在管理上卻仍有基本的共同點。

(1)知道該打戰與否的人可獲勝——這是指對於戰事的判斷力，亦即指主管者的意志決定。這完全是基於資訊情報（知己知彼）和七計（始計篇）的判斷力問題。

(2)認識眾寡之用的人可獲勝——這是一種強調適應兵力的運用法，主要在強調採取最有效率的戰略，也可說是和今日用電子計算機處理問題(systems analysis)完全相通的想法。

(3)上下同欲者勝——是否已使全體成員的意志朝向同一個目標？

(4)以虞待不虞者勝——「虞」就是指事前研究出來的萬全對策。這是為了對付不確定性，而假定其所有的可能性，並先製造好能應付的替代案。

(5)將能而君不御者勝（參照五十九頁）。

三十八、要有共同的目標才能推動人

上下同欲者勝。（謀攻篇）

「上下同欲者勝」即指「君主與民眾成了一條心」。但是，想要使君主與民眾的「心」合而為一，那是不可能的，這一點在目前的社會也是一樣。上司與部下、社長與職員、領導者與成員，每個人的立場不同，所以，也各有不同的意圖與想法。

孫子並不是一個精神主義者，所以也絕不是漫不經心地主張「成為一條心」。他主要是在強調使「欲」成為相同。「欲」就是指想要做的意念。

因人而異的「心」。要使之完全一致，就連夫妻、父子也是非常困難的，但只要能使之朝向一個特定的目標，就可以使雙方「想要做……」的慾望趨於一致。

共同的目標往往是共同行動的前題，也是成功的大條件。

所以推動組織的領導人，與其想要使成員的「心」和自己的「心」完全一致，不如傾注全力去尋求能夠使全體成員想要做的目標。

這個「上下同欲者勝」也和「道者令民與上同意……」相對應。句中的「意」並不是指「心」本身，而是指心所朝往的方向。

三十九、既交給對方，就讓他隨意去做

將能而君不御者勝。（謀攻篇）

孫子云：「將能而君不御者勝。」就是說，既然已任命有能力的將士，就該信賴他，不要加以干涉。

日俄戰爭時，日本軍的滿州軍總司令大山巖元帥以智將兒玉源太郎為參謀長，並把所有的作戰事項、計劃都交給他處理。

據說在遼陽的那一次會戰中，戰爭進行得非常激烈，俄軍的砲彈幾乎就落在司令部的附近，那時以兒玉為首的參謀人員正在研究作戰計劃，在鄰室睡覺的大山元帥悠悠然的走出來說：「怎麼？今天也有戰事嗎？」也因為如此，兒玉才能盡其所能地發揮作戰力。

如果上司有神經質傾向，無論什麼事情都要自己親手安排，否則就無法放心，如此一來，身為部下的人必會失去積極工作的意願。所以既然已交給部下辦理，就應該讓部下隨自己的意思去發揮。

但是，這並不是在說上司一切任憑部下決定，只要盲目蓋章就可以了。

現代社會的組織，不但非常複雜而且巨大，為了配合這種環境，必須先從所有的角度去研究權限的委讓、意志的決定與執行、報告與檢點等組織的運作方法，如此才會有長足的進步。

自古以來，這種交給對方處理，任由他發揮的簡單原理，至今仍被廣為活用。

四十、盡力使成功的機率接近百分之百

善戰者，先為不可勝，以待敵之可勝。（軍形篇）

孫子說道：「善戰者，先為不可勝，以待敵之可勝。」也就是善於打仗的人，必須先準備好不敗的姿態，然後再等待必勝機會的來臨。

唯有慢慢地使成功的機率接近到百分之百，才是「等」的秘訣。

不過，也並非袖手旁觀地空徒等待，而是本身應先做好萬全的準備，耐心地等待敵方崩潰。

日本戰國時代末期的英雄德川家康就是採取這種戰略而成功的。不過與其說他是採取這種作戰的策略，不如說他對自己的人生始終採取「等」的辦法。家康從幼少年時代，就因為自家的領土被夾在東部的今川和西部的織田二大勢力之間，而過著人質般的生活，也因此「忍耐」成了他的第二天性，不知不覺養成了他「貯蓄實力等待機會」的生活方式。在當時天下的霸主豐臣秀吉死後兩年間，他逐漸地掌握了實權，等到政敵石田三成發動戰爭，他才在關原大會戰中一舉殲滅了對方。然後在十四年間創建江戶幕府，並準備好不敗的勢力，等到豐臣的陣營發動大坂戰役，才予以斬草除根。

孫子接著還說：「至於是否能準備好不敗的勢力，完全看自己的努力，但是必勝的機會是否會來臨，就要看對方了，並不是自己隨心所欲就可得到的。」這是在訓誡我們不要因為太過於冷靜的分析，而陷入了主觀的想法。

對一件事情，了解它並不困難，實踐它才最困難。不間斷地做一件事，必然獲得成功；不間斷地向前走，再遠的目的地也能到達。

四十一、不要勉強地想要「獲勝」

勝可知而不可爲。（軍形篇）

自古以來，都把這句話與「言易行難」做了同樣的解釋，認為「雖然可以訂定取勝敵人的計劃，但要實行可就難了。」當然，這種解說乍聽之下雖是合情合理，但再三研究之後就有了疑點。因為孫子所要強調的是「不可為」而並非「難為」。總之，他明確地強調「不能做，不該做」。

孫子很清楚地主張「獲勝並非我方要勝過對方（為），而是敵人輸了。」所以這句話應該解釋為「不是要這樣做，而是要引導對方使之成為那樣。」才對。

雖然結果是可以取勝的，但勝利並不是按照自己的主觀就可以獲得的，而且也不該勉強地想要取勝。唯有引導對方使之崩潰，才安全且完全的取勝方法。

人生的優勝劣敗也是同樣的。例如地位等，絕不是勉強就可以得到的東西。

四十二、攻守的原則

不可勝者守也。可勝者攻也。（軍形篇）

沒有準備好足以獲勝的條件就應好好固守，如果有了足以獲勝的條件，就可以進攻。當然，沒有準備好足以獲勝的條件時，也可以利用偷襲取勝。或者，當被追逼得走投無路，不想「坐以待斃」時，也可以死裏求生，由我方主動發動攻擊，有時也會幸運地得以獲勝。

在現在的社會裏，也有很多面臨倒閉的公司毅然地孤注一擲，結果很幸運地挽回倒閉的命運。但是，這種例子畢竟只是一時的好運氣，而且孤注一擲地豁出去，並不是必然的勝利，誰也不敢保證開始時的勝利會永遠的持續下去。這一點只要從日本在太平洋戰爭偷襲珍珠港後節節敗退的戰況就可明白。

想得到完全且安全的勝利，還是需要充分的實力才可以採取攻勢。如果戰力不足，還是應鞏固防守、儲蓄戰力，等待狀況的變化較為妥當。

而且孫子也說過：「不足者守，有餘者攻。」

四十三、防守戰術與進攻戰術

善守者藏於九地之下，善攻者動於九天之上。（軍形篇）

原文中「九地」、「九天」的「九」字是表示終極的數字，意味著「無限的深度」與「無限的高度」。所以全文的意思是：一個擅於作戰的人，在防守時有如藏於地底的深處，將自己完全隱藏起來，以免被敵方發現；但是一旦該進攻時，就如同飛翔在天空般地掌握主導權，等看清楚對方的動態後才撲上去攻打。

孫子在前一項是先分清楚該守的場合與該攻的場合，現在則論述最有效率的防守法與進攻法。防守是因為實力不足，無法對對方採取行動，所以，最要緊的條件是不要被對方識破了自己的實力。進攻則是因為自己有足夠的實力，而且為了有效使用，就要採取行動，找出對方的要害去攻打。

戰史上有很多的實例，如果運用於處世的方法上也很有意思。當社會上的環境使自己不如意時，最好是悄悄地躲藏起來，若有什麼不方便、不順利時，最好是裝傻，這也就是所謂的隱蔽之術。

但是當需要用人，或在緊要關頭時，就應該置身於更高的立場，仔細看清楚對方，並且按照自己的見解去攻擊對方的要害。

四十四、在不知不覺中獲勝才是真正的取勝

見勝不過衆人之所知，非善之善者也。（軍形篇）

以任何人的眼光看起來都容易懂的取勝方法，不能算是真正的優勝；也唯有當人們看了勝利的結果，發出「原來如此」的感嘆時，才是真正有價值的取勝方法。常識是該被尊重的，但是，從常識難以產生創造和飛躍發展的，所以，必須要有超越常識的想法才行。尤其必須像哥倫布一樣，具有超越常識的想法，亮出戲法的底兒才可以成功。——這才是漂亮的勝利。

其他還有許多不被別人發覺的勝利。

首先來講會帶來勝利的預測力。如果等別人已經知道底細才下對策，就已經來不及了，應該趁著人們未知是真是假、還在袖手旁觀時，迅速地先給予預測，如果根據這預測行事而成功了，就算是一個漂亮的勝利了。

另外，周到的準備與日常的累積也非常有益。就好像植物不斷地在成長，卻不為一般人所察覺，等到人們察覺時，小樹苗已經長得又粗又壯了。和植物的成長一樣，依靠周到的準備與努力的累積而獲得的成功，更是一項漂亮的勝利。

四十五、賣弄技巧的行為具危險性

戰勝而天下曰善，非善之善者也。（軍形篇）

「戰勝而天下曰善，非善之善者也」，指受到世人誇獎的取勝方法，不能算是真正優秀的勝利。

這個道理只要拿「grand stand play」（為討好觀眾而賣弄技巧的表演）來做說明，即可以明白，這種表演往往很新鮮、漂亮，可以受到人們的拍手喝采，但一不小心有了錯失，就會導致危險和失敗。它所得到的成果並不是穩步牢靠而來的，多半占了很多的投機因素。而且它也不是組織的行動成果，完全是個人的作為，其他的成員如果不是丟棄自己的工作意志，便是採取個人的表演，但不管那一樣，對組織的功能都是有害的。

總之，成果愈大，失去的也就愈多。

其他如「珍奇的構想」、「奇異的設計」等，也適用這個道理。這些奇珍異物雖然足以吸引人們的耳目，也有恰如其分的效果，但總是無法永遠持續下去，也沒有其實用性。

當然，如果凡事均只靠著著實、堅實、常識行事，就不會有新的進步，為了活性化也許需要一點刺激，但是，最近社會上許多人以新出現的花樣來投機取巧，是否已到了瘋狂的地步？

老子說：「善行者無轍跡。」（只要自然的步行，就不會留下痕跡。）

刺耳的話像藥一樣可以治病，甜言蜜語則只能使人致病。對狂亂的人說的話也要選擇採納，不應因發表議論的人地位低賤就加以反對。

四十六、善戰者不採取勉強的作戰方法

善戰者，勝於易勝者也。（軍形篇）

一個善於作戰的人，必先造成對自己有利的狀況，或者完全確認了狀況之後，才以絲毫不勉強的戰術獲得勝利。

孫子更在這句話前說道：

「拿起細毛也不能算是大力士，能夠看見太陽和月亮也不能說眼力好，即使聽

得見雷鳴，也不能算是有很好的聽覺。」

自古以來對於這些句子有各種不同的解釋，有一位學者解釋為「善戰者所持有的並不是很平常的能力，而是依靠著別人無法拿起而他拿得起來的力量，利用著別人看不見而他看得見的眼力，去贏得一場完全不勉強的競賽。」但是，這樣的解釋完全曲解了孫子的意思，也違背了孫子所排斥的「賣弄技巧的表演」。

因此，應該將之解釋為孫子主要是在強調不要讓人家批評自己是依靠大力氣和好眼力而取勝的。

總之，「善戰者應該是有如拿起細毛，或看見太陽、月亮似的，完全不勉強地贏得了自然的勝利。」也唯有如此解釋，才能使「勝於易勝」顯得有生氣。

當然，在比賽中經過激烈的過程而獲勝是非常有趣的，但是，在一決生死的戰爭中，最好是能在輕鬆的狀況下贏得勝利。

狗不因為善於吠叫，就是好狗；人不因為巧言善辯，就能幹高尚。一個人在小事情上不理智忍耐，往往會破壞大的計劃。

四十七、實在的東西總是不顯眼的

善戰者之勝也，無智名，無勇功。（軍形篇）

一個善於作戰的人，絕不會去贏得顯而易見的勝利，所以，不會受到人家的誇獎，而稱讚他是一個有智謀的人或是勇士。

這個主題，使人想起某兩個人的話。

黃先生曾說：「我的內人簡直是個不可思議的女人。你也知道我是一個很任性的人，但是，她絕不會反對我所做的決定或事情。可是儘管如此，我總是在不知不覺中就隨著她的意思而被控制下來。」

演員劉先生也回顧著說：「年輕時代我曾經演過打擊對方，藉以突顯自己的角色。但後來我才察覺到有效地利用對方才是重要的。說也奇怪，當我這麼有所領悟之後，不管對方會不會演戲，我總能依自己的意思演得很順利，這以後我也才希望能夠做一個使人不會感到存在，而事實上是存在著的演員。」

「不會令人感到有存在的存在」，這實在是太妙了，但事實上在每個工作場所中，都有這樣的人存在，這種人不會太顯眼，但一定會把工作做得很完善，他既沒有「智名」也沒有「勇功」。可是經營者千萬不要看輕了這種人的價值。

四十八、保存自己的實力去消滅敵人

善戰者，立於不敗之地，而不失敵之敗也。（軍形篇）

一個善戰的人，會先把自己置於安全的場所，等待敵方有機可乘時，才加以攻打，以立於不敗之地。

例如，印度豹躲藏在對方看不到的草叢裏，而且降低姿勢、動也不動地窺伺著對方，趁對方不備之隙才撲上去，這就是一種戰術。

一九三八年毛澤東對強大的日本軍展開遊擊戰時，曾經這麼說過：

「所有軍事行動的指導原則……一方面要儘量保存自己的實力，另一方面要採取儘量消滅對方實力的行動。但是，在戰爭中又要如何解釋、提唱勇敢犧牲的口號呢？無論什麼樣的戰爭都必須付出代價，有時更必須付出慘烈的犧牲，但這一點是否和保存自己實力的論調有所矛盾呢？其實一點也不矛盾。正確地說，這是相互反彈而成立的。因為這樣的犧牲，不但是為了消滅敵人所需要的，也是為了保存自己的實力而需要的。而且有些部份，暫時的不保存，也是為了保存全體，保存永久所需要的。」

四十九、開戰後才想要取勝已來不及了

勝兵先勝而後求戰，敗兵先戰而後求勝。（軍形篇）

唯有先充分地準備勝利姿態之後才開戰的人，才會贏得勝利，如果等到開戰之後才想要取勝，那就會一敗塗地了。

這個道理和「勝於易勝者」的想法一樣，也唯有如此才會在未開戰前，就已戰勝了。

太平洋戰爭時的日本軍，大概是弄錯了前半段的意思，所以，最後才會像後半段一樣一敗塗地。日本的軍隊雖然依前半段所言「先戰勝後而求戰」，但是，他們並不是有充分的準備，只不過是「在緒戰獲勝就宣佈開戰」。

日本缺乏資源，軍隊長時間在外作戰，國家的經濟必不足相供，必須擴大占領地以求強化，「勝敵而益強」是當時日本軍方廣為宣傳的話，但是，「慎重論」在很有威勢的「主戰論」之前是一點力量也沒有的。

相反的，美軍卻準備了足以壓倒日本軍的兵力和物資後才開始反攻，這也就是「先勝而後求戰」。

五十、何謂領導者的機能？

善用兵者，修道而保法。（軍形篇）

談到「道」，總是容易使人想到與道德有關的領域，這可以說是長久以來受到儒教的影響所致。『孫子』的主旨是在說明有效率的作戰，所以，排除了倫理的問題，而此處的「道」也就與道德無關了。

「道」如果按照字面文字解釋為道路比較容易理解。而「修道而保法」直譯的意思則為「開拓道路，以保護步伐」。由此進一步來研究兵法，才能夠理解豐富的內容。

「道」也具有「原則」、「目標」和「政治」的意思。「法」則是指「組織、制度」或「法規」、「兵法」。

把這些組合起來，人人都可以依自己的意思去加以解釋，如果把「善用兵者」當作領導者的機能，則「道」與「法」就可以作如下的解釋：

(1)、領導者的機能在於標榜明確的目標、制定組織制度。

(2)、領導者的機能在於明確地決定目標與實施的方法。

(3)、領導者的機能是不忽視原則，使大家遵守規律。

那麼，讀者您的解釋是什麼呢？

世上的事情像下棋一樣變化無窮，過去了的事就不會再來。河道彎彎曲曲，岸上的人看得清清楚楚，而掌舵的人卻迷茫不清；下棋局勢的勝負，棋手雙方困惑迷亂，而旁觀者卻明明白白。

一般人的心理則是容易動搖，而難以堅定；容易迷惑，而難以清醒。抓住大的綱領，往往又忽略具體的小事，這也是一般人的通病。

五十一、徹底的測量主義

兵法，一曰度，二曰量，三曰數，四曰稱，五曰勝。（軍形篇）

亦即兵法就是：

一、測量距離（度）。

二、測量物力（量）。

三、測量士兵的數目（數）。

四、比較彼此的優劣（稱）。

五、根據以上這些來把握取勝（勝）。

這些條件中沒有考慮到任何不能測量的，如士氣等精神要素，但是，只要能夠測量的戰力要素，都必須加以測量，並把測量的結果作一個比較。

當時的開戰與否，完全由君主的獨斷和感情、或者占卜來決定，所以，孫子的見解和當時的狀況相比較，實在是非常的驚人，也是一項革命性的建議。

但是，戰爭除了這五個條件之外，精神要素也是非常重要的，不過，這裏把不確實的要素暫時擱在一旁，僅以確實的東西來作比較。

五十二、最高的形是無形的

勝者之戰民也，若決積水於千仞之谿者，形也。（軍形篇）

勝者叫人民打戰時，就宛如萬仞深谷裏的水積得滿滿的，有決了堤湧出洪水之勢。因此，體制必須使人民能夠打這樣的仗才可以。

孫子的這句話是編在軍形篇的最後一篇，可以說是軍形篇的結論。

「形」，狹義的解釋是指陣形；若按廣義來解釋，則指體制、態勢，更進一步則是指一切具象化的東西。形被固定了之後，即失去了生命力。理想的形應該如水般，能夠隨著狀況變化，所以無形才是最高的形。

孫子把排山倒海的激烈之勢與形賦於關聯，真可以說是卓識。

唐代的詩人杜牧，也是「孫子」的研究家。對於「戰者之戰民也，若決積水於千仞之谿者，形也。」的解釋為：

「深谷裏積得滿滿的水是無法測量的，這種情形就像敵方看不清我方的體制。所以，一旦我方像決了堤湧出洪水般轉為攻擊時，敵方也就無法防禦了。」

這也是一種將形轉變為勢的見解。

五十三、毫無編制就如烏合之眾

治眾如治寡，分數是也。（兵勢篇）

當欲管理眾人時，為了能像管理少數的人般有條不紊地進行，則要把所有的人區分為幾個集團而給予編制。

根據行動科學的實驗，一個領導者能夠直接而且有效率管理的限度是五～六個人，孫子的理論是合乎這道理的。

雖然這是一般常識，但只要仔細檢討一下即可明瞭，這也就是「組織、編制」的最基本原理。

回顧戰爭的歷史即可明白，太古時候的戰爭是個人與個人間的個人戰，但是不久即被集團戰鬥所取代了。據日本的戰史權威大橋武夫的解說，十三世紀的「元寇之役」，日本的鎌倉武士和元、高麗的聯合軍作戰而陷入苦戰中，就是因為日本的個人戰鬥法被對方的集團戰鬥法壓倒所致。

集團戰鬥法最重要的就是區分編制。按中國在二千年前的記錄，集團戰鬥的區分編制為軍（一萬二千五百人），師（二千五百人），旅（五百人），卒（一百人），兩（二十五人），伍（五人）。

五十四、命令的傳達必須明確

鬪眾如鬪寡，形名是也。（兵勢篇）

讓眾多的人戰鬥時，為了如同像指揮少數人般亦能得心應手地指揮著，就必須使用做為信號的旗子和鑼鼓等。

原文中的「形名」，自古以來有各種不同的解釋。『三國志』的主角，也是『孫子』的研究家曹操的說明，則為「旌旗稱為形，金鼓稱為名」，因為即使在亂軍之中，這些東西仍可看得很清楚、聽得很清楚，更可以使命令確實地傳達下去。

可見孫子所強調的是組織運營時「傳達情報」的重要性。

旌旗和金鼓在當時是被拿來做為傳達情報的工具，現代的具體狀況當然和以前不同，但是，其本質仍是不變的。

為了指揮人，當然必須把情報的傳達方法弄得明確些，絕對不能曖昧不明，或在半途中就消跡匿影了。

使領導者的意思直接而明確地傳給每一個成員，就是旌旗和金鼓的主要任務。

五十五、為了安全必須確實地取勝……

兵之所加，如以碫投卵者，虛實是也。（兵勢篇）

孫子是個小心謹慎的人，雖然一旦有事，他也會「其疾如風」，但是，平時他總是強調未發生變故之前，必須徹底地作準備工作，等看清楚安全性後，才可以採取行動。亦即要攻擊時，必須如同以石擊卵，能輕易地取勝才好。為此，則要先充實自己的實力，然後瞄準對方的可乘之隙。

但是，只充實自己的實力還是不夠的。孫子主張除了先準備足以勝過對方的實力外，還要趁對方的不備之隙。這種論點實在驚人。

以上是把原文的「虛」解說為「可乘之隙」，但要真說起「虛」字的概念，實在是很複雜的。「虛」字本身的意思是「空無一物」，但是，老子說明「虛心」以後，則衍生出更多、更深的意思。

在本句中，應該是指對方的「弱點」、「沒防備」或「粗心大意」等意思。總之，我方自己要有最大限度的有利條件，然後去利用對方最大限度的不利條件。

特別需要注意的是，絕對不打孤注一擲的仗。

五十六、分別使用「正」與「奇」

凡戰者，以正合，以奇勝。（兵勢篇）

凡打仗都必須以正攻法為原則，然後再配合狀況，應用奇策作戰，以便取勝。「正」與「奇」這兩個字具有很深、很廣的意義，尤其它們之間的運用，更是孫子兵法的深奧秘訣。

但是，如果按照老子的理念，則應該是「以正治國，以奇用兵」。因為他認為政治才是正，而戰爭是奇。

中國人本來就喜歡把成對的兩個概念對立起來談論。「正」與「奇」也可以說是其中之一。此外，我們也可以把「正與奇」用「基本與應用」、「靜與動」、「原則與運用」……等等來取代。例如「先規規矩矩地學習楷書後再寫草書」，就是合乎「以正合，以奇勝」的道理。

「正與奇」也有「體與用」的意思，如果以現代科學化的說法，則為「硬體與軟體」。可見孫子名言解釋的範圍非常廣闊，各人都可以按照自己的意思來加以活用，這是多麼有意思啊！

五十七、由常規出發而後廢棄常規

善出奇者，無窮如天地，不竭如江河。（兵勢篇）

本句中的「奇」，不是指平淡無味的固定招式，而是指在應付對方的多變狀況時，能自由自在地變化戰術。也就是說，能自在地變幻出很多戰術，有如天地般沒有邊際，更像長江、黃河一樣無窮盡。

句中的「出奇」如果以現代的說法「想出構想」來解釋，便容易理解了。一個具有優越構思的人，必能接二連三地湧出構想來。

那麼，要怎樣才能接連不斷地想出構想呢？

孫子認為，只要能夠如同日月的輪迴，把正與奇組合起來，戰術就會無窮盡地想出來。他說：「奇正之相生也，如循環之無端」，總之，正……奇……正……奇……正……不斷地循環，而無窮盡地繼續下去。

換言之，先從常規出發，然後廢棄常規，使之變形而產生戰術，等到沒有好的戰術陷入僵局時，再返回常規，然後再從常規出發……。

這並不只限於構想，應該可以說是發展的運動法則吧。

五十八、無限地湧出構想的方法

色不過五，五色之變不可勝觀也。味不過五，五味之變不勝嘗也。

（兵勢篇）

基本的顏色只有黃、紅、藍、白、黑五種，但只要把這些分別混合起來，即可創造出各種不同的顏色。基本的味道也只有甜、酸、苦、辣、鹹五種，但是互相組合起來，即可出現各種不同的氣味。

在原文裏還有五種音階的變化，當時的基本音階是宮、商、角、徵、羽，把這五音組合起來也可造出各種不同的音。這裏是為了把類似的例子排列起來牢牢地記住，也是中國古典的獨特論法。

這個兵法也適用於團體的合作上，只要能夠將個人的能力高明地配合起來，即可產生個人難以想像出來的新力量。所以，一個優秀的領導，就如同能組合各種味道、創造出各種不同味道的老練廚師一樣。

此外，這種兵法也可以利用前項的兵法來想出構想。而且若只依靠隨便想想的主意和閃現而出的機智是有限的，如果能把平淡無奇的事和基本的因素，做各種不同的組合，有時也可以產生出完全的新事物。

五十九、搭配「正」與「奇」

戰勢不過奇正，奇正之變不可勝窮也。（兵勢篇）

大體上來說，戰術只有正攻與奇襲兩種，但如果將這兩種互相搭配，即可編出無數個戰術。在第五十六項中，孫子對「正」與「奇」的分別使用已有一番論述，而本項所強調的卻是正與奇的搭配。

下面所敘述的例子，是一九〇五年日俄戰爭中在日本海發生的大海戰。日本東鄉提督所率領四十艘日本艦隊，和羅傑斯特韋恩斯基提督所率領有五十艘的俄國艦隊在朝鮮海峽相遇，東鄉面對著直進而來的敵方艦隊，把己方艦隊改變方向排成T字型，向對方露出腹側，不但非常危險，而且是不合乎常識的奇計，但這樣做卻合乎了對敵方集中火力的基本戰術，結果日本艦隊獲得了大勝利。

為了實現「正」，有時也需要運用「奇」，另外「奇」也需要「正」的搭配才能發揮力量，這個關係可以適用於很多場合。因為淨講「正」有時不能順利進行，而僅憑「奇」卻容易沈迷於計策而招致失敗。

六十、活用乘勢之力

激水之疾，至於漂石者，勢也。（兵勢篇）

激流能推動重石使之流逝，是因為有乘勢之力。

「激」字的原意是指水流受阻而增勢的意思。

本來應該是下沈的石頭，竟然浮上而且流動，根據物理學的說法卻也是一種理所當然的現象。但是人的行動（包括個人與團體），居然也會發生同樣的現象，才是真的令人難以相信。有了沖力之後，即發生意想不到的力量，是任何人都有的經驗。雖然「乘勢」常被使用在不好的方面，但與其勉強地做事，不如乘勢而做，反而快活舒適，又有效率。

在三世紀末年三國時代末期，當時晉將杜預攻吳，而且占領了吳的國境要地，部下們進言在此暫且收兵，但杜預不以為然地說道：「現在我軍正有勢，有如用刀剖竹子的幾個節，應該乘勢自然剖下去。」後來就親自率領軍隊乘勢進攻，終於順利地滅了吳國（晉書）。於是根據這故事，就把猛烈之勢稱為「勢如破竹」，所以說乘勢之力是應該加以活用的。

六十一、緊張是力的泉源

鷙鳥之擊至於毀折者節也。（兵勢篇）

當猛獸在襲擊獵物時，往往一擊便使對方碎骨折羽，那完全是因為能夠在一瞬之間集中力量所致。

「節」是指竹子的節，也是對前後加以區別和凝縮的地方，亦即在重要的地方或對重要的事時，把全力集中起來的意思，因此，孫子才使用這個「節」字。

當發生火災時，人們總能夠抬起平常無法拿起的東西，這主要是因為在無意識中被集中起來的精神，往往會產生很大的力量。

有些作家，寫稿時總是慢條斯理、不知所云，但是，當截稿日期逼在眼前時，自然而然便緊張起來，且提高了速度，內容也比平常那些冗長而乏味的東西精采得多了。

所以說，緊張是力的泉源，但是有時過度的緊張，反而會使其發揮不出原本的力量。因此並不是只要緊張就行了，還需要經過集中力和平時不懈怠的訓練。

六十二、乘勢而動集中力量而勝

善戰者，其勢險，其節短。勢如彍弩，節如發機。（兵勢篇）

一個善於打戰的人，在採取行動時要乘激烈之勢，在進攻時要集中全力攻打。其勢要有如放出拉滿了弓的箭般地猛烈，其攻擊力要集中在必要的時機與地點。

這是對於前兩項的道理加以活用。能夠有效地發揮力量者，才算是善戰者。讀者可試著想一想拳擊比賽的情形。

以日本的戰史來印證此例，則以「桶狹間大會戰」最具代表性。當時織田信長只率領了少數的士兵，竟然能夠擊敗率領兩萬五千大軍的今川義元，實在是很不可思議。

善於指揮作戰的人，見到有利形勢，不避過它；遇到有利時機，不猶豫不定。以來不及捂住耳朵那樣迅猛的雷聲，和來不及閉眼那樣閃電般的速度進攻敵人。

軍事行動應出敵不意，計謀一經決定，決不猶豫更改。

六十三、雜而不亂的組織才夠強大

紛紛紜紜鬪亂而不可亂也。渾渾沌沌形圓而不可敗也。（兵勢篇）

雖然亂七八糟地夾雜著，但也不致混亂。雖然無始無終，但卻有密切的關聯，而且不可捉摸、無法擊破。

前面一句請想一想香港的市容，到處是五光十色、花花綠綠的招牌，型態、字型也都各式各樣沒有統一，噪音刺耳，到處雜亂不堪，但是，靠著茁壯和頑強的力量，卻也保持著無形中的秩序。後句請想一想沒有鼻子、眼睛、嘴巴和腳的妖怪，即使想要去捕捉，也不知其蹤跡何處。

其實這樣的組織是很頑強的，而且敵方也不知道它的真相。一個井然有序的組織其外觀雖然很不錯，但是一旦崩潰，就無法挽回了。

中國的某學者認為八陣圖的陣形就是如此，不為形式所拘束。一個有活力的公司就應該屬於這個類型。

如果把人視為這個類型也是極為有趣的，雖然不知他在想些什麼，但使人覺得似乎很可靠。許多大人物，都是屬於這種類型的人。

六十四、太平之中潛藏著混亂的種子

亂生於治，怯生於勇，弱生於強。（兵勢篇）

古代的中國人創造了獨特的「二元論」，認為世上的一切都是由兩種對立的事物所形成的。例如天與地、晝與夜、男與女、善與惡、表與裏、美與醜、禍與福、陰與陽……等等，都是互相對立、互相影響或互相轉化的。另外，『易經』利用陰與陽的搭配，嘗試解釋森羅萬象。在『老子』中亦一語道破了「美的同時也是醜，善的同時也是惡」。

總而言之，不能僅看事情的一面，必須同時看兩面，而且也不要認為一種事物是永遠不會變的。

孫子的見解就繼承了這一流派。尤其「亂生於治，怯生於勇，弱生於強」這句話，更受到老子很大的影響。治與亂、勇與怯、強與弱，這些正反的概念，都是一件事情的兩面，這些道理就藏原文的根底，只要能夠把握它，即可做各種的解釋，並活用它的方法。下面這句「太平之中隱藏著混亂的種子，勇敢與膽怯只隔著一張紙，而強勁的東西也有恰如其分的弱點。」即為一例了。

六十五、乘勢之力遠超過個人的力量

善戰者，求之於勢，不責於人。（兵勢篇）

善戰者，重視全體之勢甚於個人的能力。

個人的能力固然很重要，但是在團體中，唯有乘勢之力才能消除參差不齊的情形。但惡平等的平均主義免不了會削減能力高的人的實力，而且因為參差不齊，易引起負面的作用，使得組織的力量比個個成員的實力總和還要少。

不過，團體一旦乘了勢，即可發揮出超過成員實力的總和力量。即使其中難免有膽怯者、腳踏雙船的人、不合作者……，但是，在大勢的影響下，這一類的人士大都能被同化。

因此，有心想要做事的人，就要造成這樣的勢，不過，這個原理如被惡用就非常可怕。有了這種勢後，人們就會有一起採取行動的衝動，此時如果能往正面引起作用就很好，但若被存心不良的人所利用，就不堪設想了。任何人都知道戰爭的悲慘與可怕，而倡導反戰行動，但大多數的日本人過去都為「進出大陸熱」所驅使，大半的日本人亦無法忘記「大東亞戰爭」的爆發過程。

六十六、造勢的方法

擇人而任勢。（兵勢篇）

為了造勢，往往需要挑選適宜的人去造成那種時機。有時勢也會自然發生；而棄置在一旁不理時也可以產生一種勢。

要如何才能造成這種成熟的時機呢？洗衣機就是利用了特殊的機器，才會產生旋轉而造成激烈的漩渦。在團體中也需要相當於使洗衣機旋轉的機器，所以在一個團體中，必須配置領導者、積極份子和活動家等人物。

西元二一五年，東吳的孫權親自率領十萬大軍攻打魏的領土合肥。當時防守合肥的七千名魏軍是由張遼、樂進、李典三人所統率的。曹操對三將之中的張、李兩將下了出擊的命令，因為此兩名將軍總是不甘示弱、較有衝勁。

張、李兩將挑選了七百名精銳，去偷襲吳軍的大本營，把吳軍打得落花流水，使得守軍的氣勢更為高昂，戰勢也大大的轉變。吳軍雖擁有十萬大軍卻無計可施，包圍了十天後，只好空手而回了。

這也是因為曹操善於「擇人而任勢」的結果。

六十七、不安定與困境是發展的原動力

任勢者，其戰人也，如轉木石。木石之性，安則靜，危則動，方則止，圓則行。（兵勢篇）

一個善於任勢的人，叫部下打戰就如同在滾木頭和石頭般。木頭和石頭，如果被放置在穩定的場所，就會保持靜止的狀態，如果不穩定就會移動。形狀如果是四方形的，則一動也不動；如果是圓形的，則會滾來滾去。

把圓石從高山頂上滾落下去，往往會造成很大的勢，這也是叫部下作戰的秘訣。用木頭和石頭來做比喻，並認定安定時即不動，不安定時就會動的理論，不僅適用於部下的作戰秘訣，對生活方面也富有啟發的作用。唐代的文人韓愈亦寫過一段「物，不得其平者鳴，草木無聲，風撓者鳴，金石無聲，擊者鳴。」的文章。

自古以來，有許多人以困境為轉捩點而振作起來，雖然安定是一種心願，但如果因此而滿足且停滯不動，恐怕就無法持久了。

當受到衝擊而沮喪時，就要把它作為發展的原動力分歧點。如此，困境與不安定才能成為發展的原動力。

六十八、必須先到達戰場

先處戰地而待敵者佚，後處戰地而趨戰者勞。（虛實篇）

先趕到戰場等待敵人的，才有寬裕的時間；而後來趕到戰場的，則不能不打艱苦的硬仗。

這個道理無論是在心理上或物理上都是理所當然的，不管是在日常生活或工作上都可適用。

有人從小就有遲到的壞習慣，經過了幾十年依然故我，無法改正過來，所以每次和人家約會，總必須為遲到而道歉，不僅心理上感到抱歉，更深切地感受到「後處戰地」的弊害。

力量貴在突然的爆發力，智慧的可貴之處是能夠應付倉猝之間發生的事。軍事進攻必須表現出時間內的巨大攻擊力，將帥必須在猝然來臨的事變中，迅速拿出辦法。

作戰的時機極為重要，掌握得恰如其分，乃致勝之道。

六十九、任何場合都要掌握主導權

善戰者，致人而不致於人。（虛實篇）

善戰的人，不論在何種場合，總是握有主導權，絕對不會被對方東拉西扯。不論權力、金錢、武力，總是有實力的強者才握有主導權，這是無庸諱言的。但是，孫子兵法卻強調沒有實力的弱者也可以掌握主導權。『老子』中有一段「女性雖處於被動的立場，卻也能夠操縱男性」，這是他們共同的想法。

孫子認為該以「示形術」來做為手段，遠隔操作對方的實力、慾望、心理等，來達成自己的心願。

近代活用這個原理最徹底的是毛澤東。那是他在和優勢的國民黨軍隊作戰時所擬的，接著又使用遊擊戰術使強勁的日軍陷於苦戰中。這種戰術是一種處於劣勢而奪取主導權的手段。他說：「逃跑也是恢復主導立場的有效方法。」

孫子的「善戰者，致人而不致於人」也可以解釋為「主體性」的問題。在任何場合都不能失去主體性，喪失自己，不論對方是上司、權威者或感到棘手的人，都必須由自己來「致」他們。

七十、不斷地震懾對方

敵佚能勞之，飽能飢之，安能動之。（虛實篇）

當敵人安逸時使之疲勞，吃飽時使之飢餓，休息不動時使之採取行動。

毛澤東的遊擊戰術就是使用這樣的原則。

「假如敵人來進攻，我們就撤退；敵人若停息不動，我們就去騷擾；敵人疲勞時，我們就去襲擊；敵人撤退了，我們就去追擊。」

這是我方弱小而敵人強大時的有效戰術。如果敵方遭到這樣的死纏不放，一定無計可施。而且，當我方遇到敵人進攻時，早就逃之夭夭了。一九二〇年末期的內戰，共產黨的軍隊遭到優越的國民黨部隊「圍攻討伐」時，毛澤東就是利用這個戰術擾亂強勁的國民黨軍。而且抗日戰爭中把日軍搞得頭昏腦脹的，也是這種戰術。

在人際關係中也有各種震懾對方的方法，只要利用這戰術即可掌握主導權，對於統率集團的領導者更有莫大的益處。安居即是進步的停止，因此，這也是安居時該注意的事項。

七十一、做別人不願做的事

出其所必趨，趨其所不意，行千里而不勞者，行於無人之地也。

（虛實篇）

埋伏在敵方一定會來的地方，襲擊敵人料想不到的地方，當為此行軍走了很遠的路時也不致於疲勞。能夠做到這個地步，是因為挑選了敵人不在的地方而去。

一一八四年，日本的戰史中源氏與平氏一決雌雄的「一谷大會戰」，源義經強行的鵯越（現在神戶市）奇襲，就是採用這個戰術。當時源義經的部隊通過險峻的山路、爬過陡峭的山坡路，去偷襲駐屯在一谷的平氏大軍，而給予了很大的打擊。

能夠自由行動是贏取勝利的第一步。不必受敵人的限制，而能夠自己行動的地方，便是敵人所不到之處。

做別人所不願做的事。競爭雖是進步的泉源，但不必要的競爭等於是在浪費精力，所以，最好的方法還是做別人所不願做的事，進入「無人之地」。一些知識綜合型的中小企業，可以說就是現代版的「鵯越奇襲」。

七十二、必勝的進攻和絕對安全的防守

攻而必取者，攻其所不守也。守而必固者，守其所不攻也。（虛實篇）

孫子在兵法中，曾反反覆覆地規勸人不要勉強為之，一再地強調要徹底地謀求安全。前段的這句話，就是其中之一。

而必勝的進攻方法就是，進攻敵人沒有防守的地方。最安全的防守方法，則是在敵人還沒有進攻的地方，佈好陣勢防守。

我們看到這樣的理論，一定會有太過於理所當然的感覺，就好像聽見對方說「下雨的日子，天氣不好」一般。但是，如果用充分的時間去仔細地想想，即可以感覺出這句話的沈甸重量感。要做某件事時，一般人往往會忘記「應當」的道理，而一味地想要去渡過可以不必渡過的危橋。也就是說，人們做事有時受情緒的支配，有時則又憑自己的好惡。

戰爭不是目的，勝利才是目的。如果不打仗而能達成目的，則是最理想的了。

七十三、致命傷不要被人識破

善攻者，敵，不知其所守，善守者，敵，不知其所攻。（虛實篇）

只要攻打的方法高明，敵人就不知該防守什麼地方了。而防守的方法高明，敵人也不知該攻打什麼地方。

不論是進攻或防守，最重要的就是能夠避免讓敵人識破我方的意圖和要害。在處世術中，有一種為了防身而隱藏自己能力和願望的「韜晦之計」，只要能善用此計，也就是處世的高手了。

『三國志演義』中有一則有名的故事，那是劉備還未與曹操全面對決時所發生的事情。漢獻帝私下頒了一道聖旨，命令劉備誅殺曹操。劉備在尚未採取行動時，接受了曹操的招待去賞梅飲酒，在酒席上曹操漫不經心地說道：「現在天下可以稱得上英雄的人，只有您和我曹操而已。」

劉備聽了這話大吃一驚，手上的筷子也在不自覺中掉落在地上。

恰好那時即將下雨，雷聲大作，劉備馬上佯作吃驚的樣子，低下頭去拾起筷子說道：「失敬，失敬，因雷聲太大聲了，請勿見怪。」

於是，就這樣欺瞞過去了。

七十四、兵法不是普通的技術

微乎微乎，至於無形。神乎神乎，至於無聲。故能爲敵之司命。

（虛實篇）

孫子在七三項中說：不要讓敵人識破自己的意圖與要害，同時也提到隱藏的方法。但說者容易，要實行起來就不是那麼簡單了。本項中所提到的非常抽象，也很難以理解，但是，卻也很巧妙地談到了兵法的本質。

「微」是細微，也就是必須達到微的極限，才能達到沒有形本身的地方。「神」則是憑著人類的智慧不可估量的。是一種不能用語言表現，無聲無息的東西。

也因此，兵法才能夠支配敵人的命運。

其實，在這個見解的根底裏，存在著發現「無」的老子思想，並有著極大的價值存在。

無論對方是多麼的強大與賢明，只要我方是「無」，對方也就無計可施了。強弱若在同一個性質的條件下競爭，獲勝者必是強者，但只要改變性質和條件，使自己變成「無」就可以了。這麼一來，兵法就不再是普通的技術，而必須追溯到生活的方式和思想的根源。

七十五、衝對方之虛

進而不可禦者，衝其虛也。（虛實篇）

進攻時要攻打對方之虛，如此一來，對方絕對無法防守的。

「虛」本來就是指「空無一物」。

顧名思義，「衝對方之虛」就是窺伺敵人不在時加以攻打的戰術。我們常用「乘虛而入」的成語表示之。

唐朝末年，吳元濟占據蔡州（河南省）反叛中央政府，朝廷派遣將軍李愬去討伐。李愬在探悉吳軍的精兵全部在領土的邊境駐守，於是攻打如同空城的蔡州城，而擒捉了吳元濟。記載這個戰爭過程的『資治通鑑』中有一句「乘虛直抵其城」，後來濃縮為「乘虛而入」這句成語。

「衝其虛」還可以更進一步地用來表示窺伺對方精神上的可乘之機，而予以利用之意。例如在①想要知道對方的真心意時、②使對方產生動搖，藉以搶先在前、③想使對方改變主意……等方面，「衝其虛」的兵法均可以加以應用。

七十六、逃亡時要迅速

退而不可追者，速而不可及也。（虛實篇）

既然決定要逃亡，就要趕快行動，如此對方也就無法追到了。

逃亡是一件很不容易做到的事情。

自古以來成功的人物中，逃亡的能手也不少。西元前三世紀，繼承秦朝建立漢朝的劉邦，在和項羽爭霸天下四年多後，才取得天下做平民皇帝。在這段期間，戰爭多是項羽占優勢，劉邦都是不斷地在逃亡。不過，他一面逃，一面貯蓄戰力，而且運氣又好，才能在最後一回合打倒強敵。

逃亡時最重要的是要有決斷力。登山時如遇難，決定返回的決斷力可成為命運的一個分歧點。因為，既然決定要逃亡，那麼，迅速的動作可比什麼都來得重要。

兵法書『三十六計』，在最後一項中就列舉了「逃的方法」，其中說明當我方處於劣勢時，為了挽回劣勢的最好手段就是「逃」，並積極地加以強調「三十六計走為上策」。

七十七、如何使不動手的對方動手

我欲戰，敵雖高壘深溝，不得不與我戰者，攻其所必救也。（虛實篇）

我方想要發動戰爭，即使對方在高山深溝裏固守不出戰，也有誘敵的方法。此時最好的方法便是攻打對方不能不救的地方。

想要推動別人時，必須先調節一下自己的呼吸，站在對方的立場看看，然後再想該如何來驅使對方，總之，這就是「示形術」的原理。

如果想要推動別人的意識而先行，就未免太勉強從事了，而且這麼一來，往往會形成「事倍功半」的情形。

任憑對方多麼不願意動手，但是，總有非動手不可的關鍵存在，如果把對方與自己的位置調換一下，就能夠發現這個關鍵。不必太拘泥於原文中的「救」字，最重要的是把「救」當作「關鍵」與「要害」就可以了。

七十八、不願意時則躲避使對方撲空

我不欲戰，畫地而守之，敵不得與我戰者，乖其所之也。（虛實篇）

假如我方不願打仗，便在地面上畫個範圍防守，使敵方不能來侵犯，因為那是我方所要守住的地方。

換言之，就是要躲避而使敵人撲空。這種理論可能令讀者不易了解。但是，孫子的理論之所以有趣，就是因為他有這樣的想法。

有時候，不想和正面而來的對方發生衝突時，逃亡也是一個上策，但是，逃亡一定會使對方窮追不捨，如果躲避起來，讓對方撲了個空，對方必定會很敗興而喪失戰鬥意志，這正是一個比溜之大吉更理想的絕招。

人與人之間往往因為處在同一個平面上、乘在同一條軌道上，才會發生衝突。例如，當自己的缺點被妻子指出來時就非常生氣，但如被女兒指出時，卻一點也不惱怒，只會報以苦笑。這乃是因為軌道不同。所以，這時最好是改變立場，以躲避對方的銳鋒。

七十九、以集中的友軍擊敗分散的敵人

我專爲一，敵分爲十，是以十攻其一也。則我眾而敵寡。（虛實篇）

拿破崙在決戰時，總是先牽制敵方，使對方分散兵力，然後集中友軍的兵力去擊滅敵方的主力。曾有部下問他：「陛下為什麼總是能夠以少數勝過多數？」

他答道：「不，我總是以多數勝過少數的。」

德國的軍事理論家克勞塞威茲在所著的『戰爭論』中也說：「如果在決戰時，不能得到絕對的優勢時，可以巧妙地運用兵力，使友軍站在相對的優位上。」

孫子早在兩千多年前便指出了同樣的道理。他說：「如果我方集中起來合而為一，敵方分散為十的話，便等於我方以十之力去攻打敵方的一，這也就是友軍是多數，而敵方是少數的道理。」

日本在太平洋戰爭時，因為把兵力分散於南、西太平洋各地，所以，敗在集中兵力進攻的美軍手裏。

八十、精神過於分散就會失敗

備前則後寡、備後則前寡、備左則右寡、備右則左寡、無所不備、則無所不寡。寡者備人者也。眾者使人備己者也。（虛實篇）

這主要是在說明分散兵力時的弊害。當防備前方時，後方就變得單薄；防備後方，前方就變得單薄；防守左方，右方就變得單薄；防守右方，左方就變得單薄。想要防守所有的地方，所有的地方就都變得單薄。我方之所以會變得薄弱，那是因為成了被動，我方只要能取得主導權，兵力也就綽綽有餘了。

當己方變成被動時，敵人何時要從何處以什麼樣的方式來進攻，我方一切都無所知，完全都要聽任於對方的擺佈，唯一所能做的，就是必須平均地做好防備的工作，結果就把兵力分散了。

不僅僅是兵力如此，精神太過於分散，反而無法成就大事，而且太過於多慮也是不好的。有時乾脆下決心往有利的場合前進，反而較能有所成就。

只要能夠掌握住主導權，即使只有少的力量也可以集中起來，按照自己的意思行事。

八十一、事前調查與安排的重要性

知戰之地知戰之日，則可千里而會戰。不知戰地不知戰日，則左不能救右，右不能救左，前不能救後，後不能救前。（虛實篇）

只要能夠事先知道將要在何處打仗，何時打仗，即使走了很遠的路去遠征，也能打主導性的仗。如果不知道這些事，只是一味地亂打亂衝，隨便亂打，別說是要做到有組織的行動，恐怕只會引起大混亂。

以伏擊成功而著名的戰爭，是西元前三四一年的馬陵之戰。齊的軍師孫臏把宿敵龐涓所率領的魏軍，巧妙地引誘到馬陵山谷間。孫臏知道魏軍一定會追擊而來，於是故意地減少炊事用的灶跡，使魏軍誤認為齊軍的逃兵愈來愈多，孫臏同時正確地計算出兩軍遭遇的日期，並設定遭遇的地點。

當龐涓趕到遭遇的地點時已是黃昏，只見樹幹上寫著「龐涓死於此樹下」的小字。他命小兵點燈想看清楚那些字，怎料齊軍望見火光，就萬弩齊發，箭如驟雨，魏軍一時間大亂，龐涓也身受重傷，於是引劍自刎而亡。

馬陵之戰的成功，完全靠著孫臏事前的地形調查，然後巧妙地誘敵，安排擊敗敵方的步驟所致。

八十二、實踐後還要確認

角之而知有余不足之處。（虛實篇）

「角」是「接觸」、「比較」（角力）之意。換言之，也就是實際地和對方比一比高下。如果把孫子的這句話放在現代來解釋，便是「當作嘗試新方法般地實踐看看，以便獲得正面和負面的資料」。

中國夏代的桀王暴虐異常，使得天下怨聲載道。殷的湯王想要起來討伐，於是採納賢王伊尹的策略，先中止朝貢。結果桀王大怒，動員諸侯征討殷，湯王看到桀王仍能動員諸侯，顯示其權威仍未失去，只好向桀王謝罪，重新朝貢。到了第二年湯王又中止朝貢，桀王又對諸侯發出動員令，但這一次誰也不理。於是湯王就起兵討伐夏桀，而將之滅亡。

這可以說就是試行錯誤的開端吧。先做試驗性的實施後，再做全面性的普及，是任何國家、任何領域都在嘗試的，但中國大陸特別喜歡採用這種方式。

中國大陸要實施重要的新政策時，一定先在特定的部門和地域試行，等經過結果修改後，才做全面性的實施。例如稅制改革，也是在特定的省市先試驗性的實施後，再根據實物來確認。

八十三、不能隨便講究「體面」

形兵之極，至無形。（虛實篇）

孫子兵法雖然主要是在解說具體的戰略與戰術，但也有很多部份是在說明可成為根底的見解與主意。這些部份比較抽象不易了解，不過只要能夠理解，即可體會出各式各樣的教訓。例如，「最理想的戰鬥型態是沒有形的」是其中最不易懂的。

孫子對於這句話，還加以這樣的說明：「因為沒有形，所以潛進來的敵方間諜也就無法偵察，敵方的參謀也無法計劃作戰。」

當然這並不是指可以隨便分散，而是在強調形不要固定。這一點如果和次項「兵形象水」相對照，就較易了解。

這句話嚴厲地勸誡人，不要有「形式主義」。

大體上來說，「形式主義」不但有害於組織的營運，對個人的生活方式也造成極大的影響。人們為了誇示自己的存在，總是喜歡講究「體面」，這也是一種形式主義。而且，為了保身也不忘「擺出姿勢」，那就是「兵形」。所以只要能夠放棄各種「形」，乾脆橫了心地改變姿勢和態度，就一定可以到達強大的「無形」。

八十四、以軟構造對付變化

兵形象水。水之形避高而趨下、兵之形避實而擊虛。水因地而制流、兵因敵而制勝。故兵無常勢、水無常形。（虛實篇）

理想的戰鬥型態和水相似。就像水避開高處往低處流一般，戰鬥時也要避開有強大敵人的地方，去攻打弱小的地方。水隨著地形而流，打仗時也要利用敵人的戰鬥力來求得勝利，所以作戰的方法是不應該固定的，就像水沒有一定的形一樣。

古代的中國人之所以能從流水中體會深奧的哲理，大概就是從大黃河的治水經驗所得到的真實感覺吧！『老子』一書中有一句「上善如水」即是在說：「水雖然能夠培育萬物，但是不會自我主張。」

另外，還有一句話是這麼說的「天下沒有比水更柔軟的東西。而且要攻打堅強的東西，也沒有比水更能勝任的」。

水沒有自己的形，完全按照器物的形狀，而變化出各式各樣的形。不僅如此，水也具有粉碎岩石，推動大地而繼續動的力量。

可見其因為具有如強韌蕊子的軟構造，所以，才能在激烈的變化中求生存。

八十五、以順應對方來支配對方

能因敵變化，而取勝者，謂之神。（虛實篇）

隨著對方的變化而獲勝者，是因為具有超越聰明和合乎常識力的意識能力。

在一家大公司裏，A先生和B先生兩個人爭奪著下一期的經理寶座。其中，A走的是主流路線，追隨他的人很多，不但他自己，大家也都認為他是最有力的候補者；而B則顯得沒有生氣，所有的人都認為A一定勝過B，誰知最後被選上的竟是B，A反被派到分公司去了。

B先生大概不是有意識這麼做，但正實踐了孫子的這句話。

B先生的性格天生好強，但表面上相當溫和，始終採取被動的立場，看起來不但和A先生相當合作，還事事受到A先生的指揮。但B先生雖然聽從對方的意見，卻在不知不覺中使對方在無意識下走向自己所要的方向，這正是B先生所具備的不可思議才能。相反地，A先生的態度總是非常強硬，大概也就是如此才引起長官們的不安，而造成了不同的結果！

八十六、沒有絕對不變的東西

五行無常勝，四時無常位，日有短長，月有死生。（虛實篇）

古代的中國人認為日常生活中，木、火、土、金、水是不可缺少的五種物質，因此創造了所謂的「五行說」，認為這五種物質所象徵的「氣」，能夠產生宇宙中森羅萬物的變化。到了西元前三世紀又產生了「五行相勝說」的學說，認為應該是水勝火、火勝金、金勝木、木勝土、土勝水，彼此之間反覆地循環變化。

所以，就有人主張「五行無常勝」，換言之就是「沒有絕對性的勝者」。

在地球上沒有絕對性的勝者。就好像四季反覆變化而沒有止境。晝長了之後，就會逐漸變短，短了之後又會逐漸變長；月滿了以後就會缺，缺了之後又會滿。

因此，不可能有絕對的事物，而且，也不可能有不變的事物。這種想法並不限於孫子，大多數的中國人都有這種傳統的想法。所以，中國人絕不致沈溺於人世間的無常，一定以變化為前題來對付現實。

孫子的這句話雖然在強調變化，但也說明了對付變化的戰法中，需要柔韌的想法和多方面的思考。

八十七、曲線的思考法——迂直之計

以迂為直。……迂其途而誘之以利，後人發，先人至。此知迂直之計者也。

（軍爭篇）

以繞遠路來獲得勝過抄近路的效果。我方以繞遠路來讓敵人以為對自己有利來誘敵，晚出發而早到達，這就是迂直之計。

根據字面上的意義，孫子的這個「迂直之計」有點像「欲速則不達」的諺語，但它所表示的意義更為模糊不清。現代人非常重視效率，不只在時間上或距離上，對於所有的事物，也都努力地要達到目的，而且務求不浪費。這當然很有意義，也有很大的成果。但是，有時反而會把無法計量的效率給捨棄了；而且所追求的效率也僅僅限於眼前的問題，而忘記了百年大計。

大體上來說，現代人都較偏向急性子，總急著把事情給連貫起來，而且做事時一是一，二是二，毫不含糊，從A點至B點時，拼命地追求最短距離。如果是手槍的彈道，只求直線的最短距離即可，但是，飛彈的彈道還必須畫出較大的曲線，計算複雜的軌道呢！

由此可見迂直之計，也是一種人類行動的曲線式思考法。

八十八、將缺點變為優點

以患爲利。（軍爭篇）

「患」是由原意的「痛苦」變為表示「災禍」之意。因此，「以患為利」也就是「把災禍變為利益」。

小部隊與大部隊比起來，顯然很不利，但小部隊有大部隊所沒有的輕鬆感，而且意志也容易統一，只要能夠活用這種特徵，即可把不利變為有利。小企業和大企業的情形也可適用這個道理。如果把不利點認為是絕對性的，即無法做得太靈活，會顯得太死板了，因此務必脫離固定的觀念，才能夠打開一條生路。

「一病息災」也是這種想法，生病固然是災禍，但是一個生病的人，反而會好好的保養，說不定還比無病的人更長生呢！這也就是「轉禍為福」。

這個成語是戰國時代的蘇秦所流傳下來的。當時，燕國受到齊國的侵略，蘇秦接受燕王的託付，前往齊國謁見秦王並威脅對方說：「齊國的侵略行為不但觸怒了燕國，也可能使齊國本身陷入危機。」齊王一聽大為狼狽地詢問善後對策，蘇秦說：「把掠奪的土地歸還，即可提高齊的威信，而且也能轉禍為福。」

八十九、有利恐怕變為不利

軍爭爲利，軍爭爲危。舉軍而爭利則不及。委軍而爭利則輜重捐。

（軍爭篇）

打仗的時候，有利點與危險性就如同隔著一張紙般非常接近的。如果認為那麼做較有利而率領全軍投入戰線，結果往往會發生無法防備的不測事態；或是認為這麼做較有利，便叫先鋒部隊突進，結果後續的輸送部隊被切斷而無法補給了。

孫子在前項強調把不利變為有利，而這一項則是相反。即使是有利的事，但如果為此而利令智昏，一路堅持到底，則可能陷入危機，招來不利。

這個道理只要把前項的例子原封不動地顛倒過來就行了。大企業在許多方面都比小企業有利，但是，如果就停留在這個階段而滿足，就可能喪失活性而無法應付變化。另外，一個健康的人比病弱的人有許多好處，但如果這樣就洋洋得意，忽略了健康的管理，說不定就會為料想不到的疾病所苦。

不要以為利點能夠永遠持久下去而不變，利與不利之間也往往只有一線之隔，其中密藏著轉化為任何一方的可能性。尤其在沒有變化的時代裏，特別需要把這個道理銘記在心。

九十、越親密的對方越要了解其真心

不知諸侯之謀者，不能予交。（軍爭篇）

為了要親密的交流，就必須去理解各國的政略，如果不知這個道理而要互相交流，即會產生危險。

這個道理，無論是應用國與國間、企業之間，或是個人之間，都可以適用。首先談到人與人間彼此的交往問題。當人們親密到某種程度時，便覺得彼此之間已完全了解了。假如和一個不太親密的對方，則要多費心交往，還要時常去推測對方的用意，對一個親密的人就不同了。可是這樣子才危險，一旦意見有了衝突，就會覺得似乎被對方甩了。

所以，越是親密的人，才越應關心對方到底在想些什麼，葫蘆裏賣的又是什麼藥？無論如何，感情與算計是必須區分的，即使親如夫妻也應該如此。

國家與國家之間也是一樣的，尤其更需要冷靜地看清楚友好國家的政策。孫子的這句「不知諸侯之謀者，不能予交。」想必也是從春秋時代的離合聚散中所產生出來的感慨。

九十一、狀況不明要如何採取行動

不知山林險阻沮澤之形者，不能行軍。（軍爭篇）

為了行軍必須充分了解地形。

「險阻」是指險峻而阻礙多的地方。「沮澤」則是指潮濕的沼澤地帶。

完全不去研究地形就想要行軍，那實在是不可能的事情。但現實中有很多人常常在做類似這一類的事情。

沒有好好地去考慮客觀的狀況，僅僅依靠主觀的判斷而採取行動，即使考慮了大體上的狀況，也是完全為自己的立場而下判斷。

孫子向有這種傾向的人發出警告，可見古今人們的所作所為，沒有什麼兩樣。

不但如此，孫子對於各種不同的地形，也從各種的角度加以分析，而且說明了其對策。根據現今的常識，不易懂的問題大概很多，但是令人可以感覺得到的是，他為了把握地形，傾入了很大的熱情。現代由於資訊情報太多，反而使人忘記了應該自己努力地去觀察與探究。

九十二、投入未知的領域時

不用嚮導者，不能得地利。（軍爭篇）

為了獲得地利，就應雇用嚮導。日本在還未發動日俄戰爭之前，青森縣八甲田山的陸軍在一次雪中行軍訓練時，部隊遇難有很多人死亡。這個事件最近不但由作家新田次郎寫成小說，也拍成了電影。在那次不幸事件中，由弘前出發的部隊安全到青森，但是，由青森出發的部隊卻遇難了，其原因之一就是嚮導的問題。弘前的部隊對當地的農民克盡禮儀地要求嚮導，但青森部隊卻因上級軍官的傲慢，而拒絕了農民好意的嚮導，終於在暴風雪中迷失了方向。

所以說，投入一個環境條件完全不同的未知領域，捨命苦幹雖是一種辦法，但如果雇用嚮導還是比較安全而且又有效率。

比方說，有好多企業都到海外開發成功，其主要原因乃是他們能夠適當地使用當地人為幹部；但是固執於老式的企業，失敗的比例亦相當多。抱持著自力與自信雖然很好，但如果陷入自誇與過份自信中，也就無藥可救了。

學習謙虛絕不是放棄主體性。

九十三、何謂「戰術」？

兵以詐立，以利動，以分合爲變者。（軍爭篇）

戰術就是以詐敵為基本，為了造成有利的狀況而行動，並且隨著變化、自由自在地分散或集中兵力。

「詐敵」在「兵者詭道也」中也說明過了。那是心理上的操作之意，是為了能夠自由自在地按自己的意思控制對方，而採取的合理手段。至於是否合乎倫理，或者卑劣，就完全視使用的方法與立場了。

例如原子力，除了可以作為殺人的炸彈外，也可作為豐裕生活的電力。

「以利動」並不是意味著有利益就願意做，而是有更為廣泛的意義。總之，為了達到目的，為了造成更有利的狀況，唯有去追求最適當的辦法。

「兵力的分散與集中」則是指精力的分配。把一定的精力更有效率的分配，而且不要使之固定，要能夠配合狀況而隨機應變。

也許這就是人類行動類型的一個原型。

九十四、為了獲勝必須採取各種行動

其疾如風，其徐如林，侵掠如火，不動如山，難知如陰，動如雷霆。

（軍爭篇）

——有時如疾風似的行動，有時如樹林靜止得寂靜無聲。

——襲擊時猛如烈火，不行動時則如泰山般穩重。

——有時如潛於黑暗，有時行動得如雷響。

孫子希望作戰的行動能達到如此的地步。但是一個人的行動如果能這樣颯爽，想必定能受到人們的羡慕，這實在是一種行動美學。

有些人做事時總是冗長乏味，行動搖擺不定，像這樣子恐怕永遠無法成為人生的勝利者。

開創事業的人，不一定善於把這件事情做成功；做事有很好的開端，不一定能堅持到最後。但環視世上，凡是被認為精明能幹的大人物，大都是能採取這種鏗鏘頓挫行動的人。

日本戰國時代的群雄之一武田信玄，也從原文中節錄了「疾如風、徐如林、侵掠如火、不動如山」大書在旌旗上，並以「風林火山」之旗而聞名。

九十五、成果的分配要公平、大方

掠鄉分眾，廓地分利，懸權而動。（軍爭篇）

攻破敵人的村落而獲得戰利品時，就要分配給士兵；當領土擴大時，其利益不要盡歸於君主所有，必須如同用天平秤東西，以公平為主旨。

劉邦在打倒項羽，統一天下後，召集眾將大擺宴席舉行慶功宴，並對大家說：「我能夠統一天下，而項羽不能的原因何在？」

當時高起、王陵兩位功臣答道：

「陛下把領土分配給立功的人共享利益，但是，項羽得勝時從來不論功行賞，得到領地也不給予別人利益，這就是他失敗的原因。」

劉邦原是一個相當貪婪的人，但聽了以上的話後就成了一個慷慨大方的人了。

在日本的歷史上最慷慨大方的要算是戰國時代統一天下的豐臣秀吉了。秀吉非常的慷慨，時常對諸侯們加封，親信們為此都很擔心，但是他說：

「既然奪取了天下，就應該平均分配給諸侯們，在根本上這些都是屬於我的，有什麼好擔心的呢？」

九十六、統一團體意志的情報任務

軍政曰，言不相聞，故爲金鼓。視不相見，故爲旌旗。夫金鼓旌旗者，所以一人之耳目也。（軍爭篇）

自古以來兵書即說：「因為只用語言命令容易聽不清楚，所以製造金鼓；用手做信號也看不清楚，所以製造旌旗。」但金鼓與旌旗的目的，不僅是為了如此，也是為了把每個人的心打成一片。

在孫子以前，金鼓和旌旗只是取代聲音和手勢，做為傳達情報的工具而已。但孫子不僅把它們當作傳達情報的工具，更把它們當作統一意志的手段，而賦予了更高度的價值。

這實在是一項驚人的卓見。我們只要想一想棒球場上的啦啦隊即可充分了解，對局外者來說，啦啦隊所發出來的聲音只不過是噪音，但對球隊和球迷來說，則具有促進一體化的功用。

這種情報是要打動情感的，所以越華美，效果就越好。孫子在此句後面還補充道：「夜戰多火鼓，晝戰多旌旗，乃為變人之耳目也。」

九十七、個人的獨斷獨行會腐蝕組織

人既專一，則勇者不得獨進，怯者不得獨退。此用眾之法也。（軍爭篇）

當全員成為一體時，即使是勇敢的人，也不能任意地突出行動，膽怯的人也不能獨自逃亡。這便是管理眾多人的秘訣。

這句話較適用於「維持型」的企業。一個「革新型」的企業，還是需要突出的人才，如此才能刺激全體組織，促進活性化。總之，也唯有這樣的人才對企業有好處。

但是，維持型的組織，還是適於絲毫不變地使用孫子的意見，因為不管有多大的能力，如果不採取組織性的行動，也就無法統制全體組織，而且也會招來不利。所以，與其減少突出的人才，不如避免增加落伍的人，以便提高全體的成績。

雖然是屬於革新型，但如果突出的人又獨斷獨行，別說是使得組織活性化，恐怕會成為傳染病菌而腐蝕了整個組織。因此，組織是否能夠保持平衡的困難點就在於——知人善任的不容易。

九十八、攪亂對方的心理

三軍可奪氣，將軍可奪心。（軍爭篇）

想要挫敵人全軍的士氣，就必須先動搖敵將的心。

古代中國將軍隊編制為左、中、右或上、中、下，所以稱為「三軍」，亦即意味著「全軍」。

自古以來，軍隊經常使用的戰略，就是擾亂對方心理的戰術，例如在『三國志』中，劉備和曹操兩軍隔著漢水相對峙時，就是採用這種戰術。

劉備命令趙雲率領士兵佈陣於上游的高台上，以本隊的砲聲為信號鳴鼓喊殺，當曹操以為是敵軍來襲準備迎敵時，又恢復了平靜。

劉備的蜀軍一連數夜如此地詐敵，結果曹操所率領的魏軍被弄得精疲力盡，喪失了士氣，曹操也頭昏腦脹地收兵回朝。

由此可見心理戰的效果極大，但是不管處於自動或被動，雙方的方法都須加以研究。不管是使對方焦急、動怒、懷疑、不安；或者是使對方安心、自誇、驕傲……等等奪取士氣、奪取人心的手段，真是多得不勝枚舉。

九十九、何謂「治氣」？

朝氣銳，晝氣惰，暮氣歸。故善用兵者，避其銳氣，擊其惰歸。此治氣者也。（軍爭篇）

人的氣力，在早上時比較活潑，白天變得鬆懈，到了傍晚就心神不寧，在一天之中有很多的變化。優異的戰略也是，當敵方氣力充實時就應避免衝突，當敵方鬆懈、疲倦時才進攻，這就是所謂的「治氣」。

不僅戰爭而已，舉凡談判、委託、協議、應對等人際關係，相互之間「氣」的狀態往往會影響人際關係。比方說，請求對方辦事時，最好是趁著對方心情舒暢、愉快的時候，這是連三歲的小孩都懂得的道理。不過在這個匆忙的社會裏，大多數的人往往都忘卻了這種應知之理。

有要緊的事時，必須先充實自己的氣，推測對方氣的狀態，再決定和它相應的方法。有一個出版社的林社長，不管要和任何人會面，事先一定大大地深呼吸，使氣充足後才見面。

天下的艱難事情，必定就是從平易的事情做起來的；天下的大事情，必定是從小事情做起來的。

一〇〇、何謂「治心」？

以治待亂，以靜待譁。此治心者也。（軍爭篇）

所謂「治心」，乃想辦法調整自己的心，使對方的心混亂。亦即自己繼續保持平靜的心，而使對方的心發生動搖。

這也正是心理上的競爭要領。

秦朝滅亡不久，劉邦與項羽的爭霸戰中有場「廣武之戰」。廣武是現在河南省鄭州市靠近黃河南岸的丘陵地帶，溪谷的兩岸有不高的山地遙遙相對著，兩軍各自佈陣在山地上對峙了數個月，其中兩雄時常展開舌戰。

項羽捕獲了劉邦的父親，於是把他放在巨大的砧板上大叫道：「若不投降，就要下油鍋了。」

劉邦毫不在乎地答道：「煮熟後分點湯肉來吃！」

有的時候，項羽等得不耐煩了，便大喊：「我們兩個人來一決勝負吧！」劉邦嘲笑地說道：「我才不願意動武，咱們來比智慧吧！」

在這些舌戰中，劉邦始終保持著冷靜，可是項羽的心卻被攪亂了。可見項羽完全被劉邦「治心」了。

一〇一、何謂「治力」？

以近待遠，以佚待勞，以飽待飢。此治力者也。（軍爭篇）

所謂的「治力」即是我軍不必遠征只要貯儲戰力，把敵軍從遠方引誘到附近使之消耗戰力。我軍好好地休養，等待敵軍疲倦不堪；我軍確保豐富的糧食，而使敵軍陷入糧荒。

不管如何地努力積極經營，想要將這一切的條件都準備齊全是很難的，在現實上尤其幾近不可能。這只是行使戰力時的一個理想目標，只要儘量努力地去接近這個目標，也就是求勝的方法了。

攻擊對方，用計謀不用武力；使用兵力憑智慧，不憑兵多。若具備了天時、地利、人和幾個條件，將更無往不利。

如果以現代的方法來說，也就是自己發揮最大限度的實力，然後抑制敵人的實力，使其降到最小限度的標準，如此也就是最理想的戰術了。

將這戰力的正、負面為軸，具體地研究各式各樣的戰術。

一〇二、何謂「治變」？

無邀正正之旗，勿擊堂堂之陣。此治變者也。（軍爭篇）

所謂的「治變」，就是不要和隊伍整齊突進而來的大軍作正面衝突，也不要從正面攻打威風凜凜攻擊而來的大部隊。當面對這樣的強敵時，應該以變幻莫測的戰術來對抗。

中共在未建立體制之前歷經①第一次內戰、②抗日戰爭、③第二次內戰，等三次戰鬥。其所率領的解放軍（在第②時期稱為八路軍），在第①至第②時期，就是使用「治變」的兵法來增強戰力的。

首先在第①時期，解放軍對包圍攻擊他且佔絕對優勢的國民黨部隊，採取從正面迎敵的陣地戰，結果大敗，後來採取沒有固定戰線，變幻莫測的遊擊戰才維持戰力。

在第②時期，八路軍對強大日本軍的侵略，也是採取大規模的遊擊戰。其戰略變幻莫測，將日本軍釘在點的位置上不能動彈。當然，中共的勝利並不只是這些要素，但軍事作戰的面來看，孫子的「治變」兵法具有很大的威力。

一〇三、如何擊敗佔優勢的敵方

高陵勿向。（九變篇）

「高陵勿向」，亦即不要從正面去攻打佈陣在高地的敵軍。

為什麼呢？因為當對方站在高地時，他們的視野寬闊，能把遠方看得很清楚，對於我方的狀況一目了然，而我方根本無法掌握住對方的狀況。

不僅如此，對方不管是要投擲石子、石塊，或者滾落大岩石、射箭都很方便，容易趁勢增加戰鬥力，而我方是無法使用這種方法進攻的。

總之，從上往下看，可以保持優越感，而由下往上看則容易抱持自卑感。

很顯然地，正面攻擊當然不利於我方。

所以，對在地形上佔優勢的敵軍，最好是將計就計。因為對方以為自己俯視著我方，認為必定佔優勢，所以，就易疏忽而沒有顧慮。

此時，我方可以繞到敵軍的背後去攻打，或者將其包圍起來斷絕其糧道，如此就可以和敵方將優點與劣點調換過來。

因此，這句「高陵勿向」可以拿來應用在對抗佔優勢地位的對方。

一〇四、如何應付有後盾仗勢的對方

背丘勿逆。（九變篇）

對於佈陣在山崗坡面的敵軍，不要從正面加以攻擊。

這個道理和前項的「高陵勿向」一樣，只是佈陣在山崗坡面時，無法和在高地的頂上一樣，可以從四面八方看得很清楚。不過和頂上有所不同的是，不會招風、背後又有山崗可作後盾，可以非常放心。

也許這種比喻並不妥切，但這實在是一種「狐假虎威」。對於這樣的敵方，還是要和對付高地的敵方一樣避免正面攻擊。如果要攻打，就必須利用敵方的優點。背後的山崗是敵方的最大優點，也是他們的指靠。所以，我軍必須繞到後面爬到山崗上，從崗上攻打下去，如此雙方的立場就倒轉過來了。

不僅如此，對方因有後盾，僅能看見前方，無法看清山崗的背後，所以，我方只要進入死角，行動就不會被對方識破了。

孫子強調避免正面攻擊，也許就是在考慮這樣的作戰。

一〇五、提防詐敗逃走的敵軍

佯北勿從。（九變篇）

不要去追逐詐敗而逃的敵軍。

古今中外的戰爭，有很多人經常使用詐敗而誘敵的手段。孫子所說的「能而示之不能」也是這個道理。這種手段是任何人都知道的，但在歷史上仍有許多名將也因此被騙，而遇上了敵人的埋伏攻擊，實在是非常可怕。

要如何才能識破敵方的詐敗呢？孫子對此並沒有具體地提示，所以，自古以來兵法學者產生了各種不同的說明意見。

「逃跑的步調一致即可疑。」

「敵方有足夠的戰鬥力，士氣也很旺盛，但卻逃跑了，就是個陷阱。」

「敵兵全部往一個方向逃走，就是有埋伏。」

現在附帶說明原文「佯北勿從」的「北」字。北字是代表人與人背對著背的樣子，因此，可以解釋為「逃」的意思，也就是「敗北」的北。另外，人平常都是朝南而坐，因為和這個坐著的人背對著背，所以又可表示「北方」，如此來看，一個字就具有完全不同的意思。

一〇六、如何說服想不開的對方？

銳卒勿攻。（九變篇）

「銳卒勿攻」，就是不要和精銳的敵軍部隊正面作戰。

這是孫子獨特而且不勉強的作戰方法。不過與其說是孫子的見解，不如說是中國人傳統的見解。因為中國人向來都是「寧為玉碎，不為瓦全」的。

如果敵軍非常精銳，則先努力地減弱敵軍的勢力，絕對不會不考慮後果就貿然進攻，而招致全軍覆沒的。

這種見解對於急性子的人來說是個很好的訓詞，也可以做為參考，當然不僅是戰爭而已，在人際關係裏也是同樣的道理。

只要把原文中的「銳卒」，以「想不開的對方」和「信以為真的人」來取代就可以了。對於這種人，雖然針鋒相對地給予反駁，並指出其缺點和必須改過來的主意，但對方仍是固執己見。

因此，必須給予緩衝的時間。例如，承認對方的見解，即使不承認，也可用某種方法，努力地使對方放棄固執的想法，等到對方不再固執時再來說服，必有十之八九的成功率。總之，不是攻打就會有效果的。

一〇七、不要撲向誘餌

餌兵勿食。（九變篇）

「餌兵勿食」，就是不要去攻打作為誘餌的敵兵。

中國的戰史上，經常可以看到這種誘敵的作戰方法。在『三國志演義』中，就有不少使用誘餌彼此互騙，或者將計就計、採取主動或被動等的驚險場面。

『三國志』中曾記載著劉備以誘餌孤注一擲，結果打了一場致命的夷陵之戰。

吳軍為了蜀軍遠來，但因過於疲憊，所以堅守不出。

劉備為了打開這個局面，就在敵前無防備的平地上出動了數千的部隊，假裝是吳軍向這邊出兵，並動員埋伏在山谷間的八千名伏兵去襲擊。誰知吳軍的提督陸遜認為事出可疑，仍不願出擊，終使劉備的計略歸於失敗。

要如何才不會上當呢？

不論如何，總應「小心甜言蜜語」！

雖然如此，但人因有慾望存在，慾望一旦被勾起，就會失去理智，而喪失了正常的判斷力，結果上了對方的當。各位讀者，還是小心謹慎吧！

一〇八、歸心是無法阻止的

歸師勿遏。（九變篇）

「歸師勿遏」，就是最好不要去阻擋被歸心所驅使的敵人。

俗語道「歸心似箭」，敵人一旦在這個時候被阻止了，必然會拼死力戰，所以說對於正在歸途上的敵人還是少理為妙。

蜀的諸葛亮從漢中（四川省的西南部）出擊，和魏的司馬懿在祁山展開數次的攻防戰。

有一次蜀軍要開始撤退，司馬懿馬上命令將領張郃追擊。

張郃卻反對地進言道：「兵法上說，歸師勿追。」

但是，司馬懿不接納張郃的進言，張郃在不得已之下只好去追擊蜀軍而遭到埋伏，被亂箭所射而陣亡了。

這時候孔明的「歸師」，並不是真的被歸心所役使，只是為誘敵作戰。所以司馬懿若遵守兵法上的常規，也就不會喪失一名勇將了。

一〇九、包圍敵軍後要留個退路

圍師必闕。（九變篇）

「圍師必闕」，亦即包圍敵軍時，一定要為自己留個退路。

這句話有些版本寫的是「圍師勿周」，但意思卻是相同的，也就是「不要完全包圍」的意思。因為被包圍的敵軍，一定會拼命地抵抗且發揮出驚人的力量，使得己方的犧牲也隨著增大。但如果留了一個退路，敵軍也許不想戀戰而只想逃亡。這時就可趁著敵軍逃亡時給予擊滅或者捕擄。

這就是「圍師之計」。

日本歷史上開創江戶城的太田道灌有一個軼事。

太田道灌的七個部下犯了罪怕被處決，於是逃到了一間屋子裏死守。太田道灌雖然派了數百名捕快去圍攻捉拿他們，但由於他們一直頑強地抵抗，而始終無法攻進去。後來太田道灌故意派遣使者去向包圍的捕快們大聲宣告說：

「七名罪犯中，我想饒恕一人，你們不要隨便殺人。」

此外，太田道灌又挑選有本領的部下闖入屋裏，以便殺死全員。使者說完以後，這些殺手便趁機闖入屋裏。這七名罪犯均以為是自己可以獲得赦免，連抵抗時的刀鋒也遲鈍了，結果很簡單地就全都被擊斃了。

這可以說是日本的「圍師之計」。

在現今社會的人際關係裏，這種「圍師之計」往往可以發揮很大的效果。例如，要責備人時，如果採取破口大罵的方式，那麼對方不但不會有所反省，反而起來反抗；所以這時千萬不要否定他的一切，也要承認他的優點，如此一來，對方必會率直地承認自己的錯誤。

如果過度地加以追究，恐怕會引起「窮鼠嚙貓」的局面了。

和別人爭論時也是一樣的。如果將對方的意見完全否定，那麼，很容易激怒對方加以反攻，甚而產生彼此意氣用事，無法終止的局面。因此，該讚賞的就應該給予讚賞，如此議論才能積極地發展下去。

善於策畫出敵不意計謀的人，他指揮的變化，就像天地一樣無窮無盡，就像江河一樣永不枯竭。

一一〇、勿靠近被追得走頭無路的對方

窮寇勿迫。（九變篇）

「窮寇勿迫」，亦即不要毫不留神地靠近已走頭無路的敵人。

在前項的「圍師之計」中，已經詳細地說明過，走頭無路的對方不知會採取什麼行動，因此，絕不可粗心大意地接近對方；如果要靠近，就必須想辦法使對方畏縮，或解除對方的警戒心，否則就要以壓倒性的力量去剝奪對方的抵抗能力，總之就是要加以提防。

這也就是所謂的「君子不近危」。

十四世紀初期，日本武將楠木正成在天王寺之戰時，領了三千名士兵擊敗了五千名的六波羅軍，完成了一場很漂亮的戰役。但是，後來宇都宮公綱以六百名騎兵來進攻時，他卻避之唯恐不及，部下問道：

「我們毫不費力地擊敗了五千名敵軍，現在的敵人只不過六百多名，要攻打對方不是更易如反掌嗎？我們馬上出動吧！」

但是，楠木正成卻回答說：

「對方敢以少數的軍隊來反攻，表示他們已覺悟要決一死戰。千萬不要因勢寡而輕敵，我們如果和敢死隊戰鬥，只有遭到損失而已。」

一一一、至少要有某種限制

塗有所不由。（九變篇）

「塗有所不由」，亦即說雖然道路是為了通行之用，但也有不可通行的路。我們辨某件事時，往往會不經考慮，而依照習慣或惰性，認為合乎常識便採取行動。當有道路時，便認為那必然可以通行而想要通行，但這樣做是很危險的，所以，孫子才強調必須重新檢討一下。

其實這句「塗有所不由」和下一項的「城有所不攻」，都是為了說明一連串的道理所用的開場白。但是獨立使用時，也有恰如其分的說服力。

當我們知道有道路可以通行時，往往會不分清楚好歹而想要通行，因此需要煞車器。

公司的經營者往往會制定公司員工所應恪守的各種規章，雖然企業的目的是在求得利益，但是為了賺錢，也應該有所不為。

因此，無論是個人、組織或國家，假如沒有了限制（煞車器），則只要有道路（有方法）就會想要奔馳了。

一一二、不要拘束於手段而忘掉目的

城有所不攻。（九變篇）

一五七二年十月，志在統一天下的武田信玄以日本京都為目標，率領了三萬（另一說是四萬五千）大軍從甲州出發，十二月侵入遠江。當時德川家康居住在遠江的濱松城，認為此城必會遭到武田軍的攻擊，誰知武田信玄卻沒有攻打，繼續地西進。這也就是武田信玄與眾不同的地方。對他來說京都才是目的，而一路上的戰鬥只不過是手段而已。對他而言，不發生戰鬥而平安走過是最好的辦法，為了圍攻一城而消耗兵力，是一點意義也沒有的。他的這種作戰方法，也就是孫子兵法「城有所不攻」的實踐。

遇到敵城時未必一定要攻打，有時不攻也是一個有利的作戰方法。但如果忘掉了目的，而拘泥於手段，也是不值得的。

軍事行動貴在迅速取勝，避免長期作戰。取得勝利的方法有各種各樣，只有知己知彼的人，計謀才會無懈可擊。

一一三、不要爭取無意義的事

地有所不爭。（九變篇）

不看全體的局面，而僅看一部份，一定會失敗。同樣的，如果不能不斷地反省「那是為了什麼？」「為何要那麼做？」不管再怎麼努力，一點用處也沒有。

「地有所不爭」和「塗有所不由」、「城有所不攻」的主旨相同。亦即土地往往成了爭奪的目標，但即使爭奪來了，也仍是沒有意義的土地。

法國皇帝拿破崙遠征俄國失敗，就是一個很好的例證。

一八一二年，由於俄國違反了拿破崙的禁令，重新和英國通商，而促使拿破崙率領八十萬大軍遠征俄國，並占領莫斯科。

拿破崙原本以為占領了莫斯科，俄國就會投降，誰知俄國當時還沒有完成近代國家的體制，莫斯科也不具備中樞的功能，他如此做反而增強了俄國人的抵抗心，根本沒有構成占領的意義。結果，拿破崙的遠征軍遭到劇烈的抵抗，大火、糧荒加上寒風刺骨的酷冬，不但使他倉促撤退，並被俘虜了十萬士兵而潰敗。好不容易逃回了巴黎，但這一戰卻已導致了他的沒落。

一一四、不要做個唯唯諾諾的人

君命有所不受。（九變篇）

「君命有所不受」，即指雖然是君主的命令，但也有不該服從的場合。

自古以來，君主就擁有極大的權力，從曾活埋數十名殉死者的殷朝帝王陵和清朝巨大的皇宮遺跡，即可了解那股驚人的權力。

但是，因為權力太大，所受的抵抗力也大，雖然還沒有到反叛的程度，也是有不少的大人物抱定不接受不合情理君命的原則。

歷史上曾有因詳實記載君王不當言行而被殺害的史官，他的二弟也同樣地記載了史實，而遭殺害，但他的三弟仍秉正不阿，堅持要詳實的將歷史登錄下來，終於使權力者放棄了抹消史實的念頭。

不過，這種理念和孫子「君命有所不受」的主張有點不同。孫子主張的是「君主機關說」，他認為國家至上是絕對的，而君主是國家的機關，但如果君主所發出的命令，對國家和軍事沒有利益，即不必接受。這種觀念也適用於今日的企業中。

一一五、僅知地形也無法得到地利

將不通於九變之利者，雖知地形，不能得地之利矣。（九變篇）

假如不精通「九變之利」，即使懂得地形，也得不到地利。自古以來對於「九變」有各式各樣的解釋。有一些學者曾具體地找出九個適用於九變的項目，但卻不免有牽強附會之處了。

「九」並不是具體的數，而是表示無限的意思。所以「九變」即是「無限的變」。而「變」則是指「不正當」、「不正常」的意思。簡單地說，也就是在棒球中和直球相對立的變化球。

「塗有所不由」、「地有所不爭」……等兵法就是「變」，孫子主張無限地做到這些「變」，也就是強調所有的事都適用這種想法。地形本身沒有生命，為了活用地形，必須有臨機應變的想法以及不合乎常理的創意。

換言之，就是「指導者既然是石頭（腦筋不靈活），那麼任憑情報（資訊）再暢通，也無法活用它」。

一一六、不指望人也不推卸責任給別人

無恃其不來，恃吾有以待也。無恃其不攻，恃吾有所不可攻也。

（九變篇）

不要奢望敵人不來進攻，而必須指望自己有所防備。與其奢望敵人不來進攻，不如依靠自己有防備，不讓敵人有進攻的機會。

這也就是左傳中所謂的「有備無患」。

如果把句中的「敵」當作「別人」，意思也就更擴大了。指望別人，或者一味的推卸責任，都是依賴心太重了。不管是過於期待他人的好意，後來才怨嘆受騙；或是過度地提防別人的惡意，而不信任所有的人，兩者的根源都是缺乏「恃吾有以待也」的觀念。

總之，這就是缺乏了主體性。雖然孔子的思想潮流有異於老子和孫子，但也是在呼籲每個人都該確立自己的立場和主體性。

論語上說：「君子會將所有事情視為自己本身的問題來加以解決；而小人卻總在推卸責任。」

一一七、使領導者自取滅亡的陷阱

將有五危。必死可殺也。必生可虜也。忿速可侮也。廉潔可辱也。愛民可煩也。（九變篇）

身為一個將領，他的精神狀態該如何呢？關於這個問題，自古以來即有各種不同的意見。但孫子的意見卻不是普通的「原則論」，而是經過冷靜的分析、列出足以使將領自取滅亡五種心態，而作了如以下的分析。

1. 過度緊張而拼命做事的人很危險——容易喪失閒心，無法判斷大局，而去白白送死。
2. 過度貪戀生命的人很危險——很膽怯，容易做出卑劣的行為，結果必被俘。
3. 過於急躁的人很危險——容易動怒，更易被部下和敵人看清立場和狀況。
4. 過於剛直的人很危險——很愛面子，擔心丟臉，容易忘記現實主義。
5. 仁厚的人很危險——為人仁厚以致過度操心，太過於同情部下，以致不能嚴格用兵。

孫子又發出下面的警告。「這五種缺點是身為將領的人不可具備的，此足以妨礙作戰。如果軍隊全軍覆沒或部將置於死地，必是這五種原因所造成的，切記。」

一一八、調動人的時機非常重要

客絕水而來，勿迎之於水內。令半濟而擊之利。（行軍篇）

孫子在談論了許多有關行軍應該注意的事項後，更按照地形加以具體說明。其中這個注意事項，是相當含蓄的。

當敵人想要渡河來襲時，應等他渡到河中時，再加以攻擊，必能產生效果。原文的「水內」並不是指在水中，而是指水邊。當敵軍已到水邊時，千萬不要慌忙地開始攻擊，因為此時敵人還有機會撤退，不如等到敵人渡到河中，進退不得時再加以攻擊。

如果把以上的道理反過來，就成為調動人的最佳時機了。換言之，當想要推動某人做某件事時，就和攻擊敵人相反，應在未開始之前（在水邊）充分地說明，等開始做時（在河中），就不要再給予指點。

在剛開始時沒有詳細地說明，等到了半途才不斷地指點時，就不易辦事了。每個人的才能和作用，都各有一定的限度，使用時應有所區別，不可超過他的才能所能擔負的程度。

一一九、使人引起工作意願

凡軍好高而惡下，貴陽而賤陰。（行軍篇）

孫子這句話，本來是在說明駐屯軍隊地點的適當與否。

首先，他說道高地比較理想、低地則不太適當。因為不論就行動的自由、眺望遠處、或是士兵的健康等各方面著眼，高地都比低地優異。尤其在低地，如果下了大雨，後果就不堪設想了。

其次他強調陽地好，陰地不好。古代中國以河的北岸、山的南側為陽地，例如河南省的洛陽就是洛河的北岸；陝西省位在西安對岸的咸陽（秦都）是在渭河之北、陝北高原之南，無論從哪一方看，都相當於陽的意思。

但這個原則卻由布陣的方法轉變為引起人工作意願的方法，而且加以活用。陽氣中的快活、開朗受人歡迎，但陰氣中的陰暗卻令人討厭。「陽」可以使人往積極的方向前進，「陰」卻往往使人退縮。人類和動植物一樣，卻具有向陽性，與其強調消極面而悶悶不樂，不如強調積極面，振作起精神來提高工作的意願。這也就是所謂的「貴陽之計」。

一二〇、以利益打動人心

犯之以利，勿告以害。（九地篇）

為了驅使人，應該強調會得到的好處，而不應該強調可能有的不利與壞處。

這句話也可以做這樣的解釋「應該快樂地推動，而不應該死氣沈沈地推動」。或是「提示應該做的事，且告訴對方如此做比較好，比提示不該做的事，且禁止他做任何事，要來得更有效果」。

對小孩子若總是提出「不行」、「不可以」的警告，小孩子必會覺得厭煩。總之，這也和「貴陽之計」的見解相同。

不是別人所希望的，不要用來對待別人。人類的心理有種快感原則，總希望避開不愉快的事情，而傾向感到舒服愉快的方向。

但是，完全不接觸負面則易於缺乏信賴感，所以，也有以舉出極少數的缺點，使對方抱持自信的手法。如果以現代的說法便是「小罵大幫忙」。

一二一、察覺了徵兆之後便要訂立對策

上雨水沫至，欲涉者待其定也。（行軍篇）

當上流下雨使河面起了波浪時，就必須等到波浪消去時才可以渡河。

拐彎處的那一方有什麼東西？明天的事是難以預測的。事物往往是有徵兆的。這個「兆」字，和預測未來有很密切的關係。古時候的人燒獸骨和龜殼，根據那些裂縫來占卜，而那裂縫形成了象形文字的，便是「兆」字。

「兆」正是命運的分歧點。

要發現「兆」，必須具有仔細的觀察、對變化的感度，以及對事物的高深知識等三個條件。

孫子所提示的渡河心得，無非在強調必須仔細地觀察水流，不但要能夠感受到異常，更要知道上流的雨量有多大。

當然，這適用於不易預測的事物，但由於大多數人均會事後反悔。所以，為了生存在這個變化的時代裏，必須具有敏銳的觸覺。

一二二、山、河、濕地、平地的佈陣法

凡處軍相敵，絕山依谷，視生處高，戰隆無登。此處山之軍也。

（行軍篇）

在山地作戰時，越過了山後，就要在山谷的南面佈陣，以使遙望遠處的高地；和高處的敵人戰鬥時，不要由我方登山去，應該讓敵人攻下來。

這是孫子論及佈陣的場所，以及在那個場所作戰的方法。

另外，孫子也提到在河岸、沼澤及平地上的佈陣方法。

最有意思的是在河岸，和將要渡河而來的敵軍作戰的注意事項（參閱一一八項）；至於在水上戰鬥時，則要注意最好不要在下游和上游的敵軍作戰。在濕地時要儘量早一點通過，萬一不得不在濕地作戰時，應利用水草加以遮蔽。

至於平地的作戰，必須位於「易」，也就是容易行動的場所。同時也應「將營帳安置在右後方高的場所」，不過這一點是比較難懂的。

自古以來有一種奇怪的解說。認為布陣時敵軍若從左前方進攻，己方應布於容易射箭的場所，這種說法雖然大體上可以使人了解，但敵軍若是從右後方而來時，又該怎麼辦？

一二三、速離開不易行動的場所

凡地有絕澗、天井、天牢、天羅、天陷、天隙，必亟去之，勿近也。吾遠之，敵近之。吾迎之，敵背之。（行軍篇）

這裏所列舉的是不易行動的地形實例，在用兵時，亦不應靠近這些場所。

孫子曾特別提到，最好是把敵軍誘逼到那樣的場所。這主要是把友軍的不利條件轉移給敵軍，以便作為友軍的有利武器，是一種軟硬不吃的不尋常戰法。

同時，孫子又說到為了要在這種地形作戰，就必須使敵軍背對著這種地形來加以攻打。

總之，必須把敵軍挾在天險與友軍之間。

在現代，這種地形多半是所謂「名勝」觀光之地。

絕澗——指成了絕壁的峽谷。　天井——四邊有山屹立著而成了山谷。

天牢——三邊被山圍繞著的場所。　天羅——指草木密生的地方。

天陷——低窪的沼澤地帶。　天隙——因為斷崖而縮小的狹窄小路。

一二四、管理上的情與規律

卒未親附而罰之則不服。不服則難用也。卒己親附而罰不行，則不可用也。（行軍篇）

管理部下時，「情」與「規律」是難以兼顧的。如果淨講「情」，則無法分辨出公私和是非；但是光講「規律」，又無法令人心服。

這個問題大約在二千多年前就存在了，但孫子卻有他獨特的處理方式。

本文大體上的解釋是：

「在未建立起信賴關係之前，若只是嚴格地推行規律，部下就不能心服口服，部下若心有不服就難以善加運用。相反地，如果部下已經心服了，卻不嚴格地推行規律，部下就會任性地無法使用。」

美國學者馬格爾雷加在現代的經營學中提出了兩種不同的理論，一種是強調嚴格管理的X理論，另一種則是強調自主性的Y理論。事實上，這些理論在兩千多年前已在中國展開過激烈的爭論，也就是儒家的性善說和法家的性惡說。

由於戰爭有這種現實上的必要性，孫子才會提出立足於這兩者間的意見。

一二五、平常的信賴很重要

令素行以教其民則民服。令不素行以教其民則民不服。令素信者，與眾相得也。

（行軍篇）

領導者只要親自把發出的布告和法令按照條款實施，人民就會相信這些布告和法令而服從了。

平常領導者如果沒有力行所發出來的布告和法令，一旦臨時有事時，不論如何強迫，人民也不會服從。

孫子在如此斷言後，才補充了一句非常激烈的話，他說：

「唯有平常受到人民信賴的人，才能夠把成果分配給人們。」

封建時代的專制君主雖擁有極大的權力，但是否能得到人民的信賴，也是非常重要的。

唐太宗在「貞觀政要」中有一句名言：

「流水之清濁在其源也。君為政之源，人庶猶如水。君自為詐，欲行臣下之直，此猶如源濁，且望水清。不得為理。」

一二六、看清地形是將領的重要任務

地形，有通者，有掛者，有支者，有隘者，有險者，有遠者。……凡此六者，地之道也。將之至任，不可不察也。（地形篇）

為了獲得地利，看清地形是將領的重要任務。因此，孫子強調必須認清地形的特徵，並列舉如下六種地形。

通：道路四通八達的地方。這一類的地形應該提早去高地，才能確保勝算。

掛：這是易進不易退的地形。當敵軍疏忽大意時還好，萬一敵軍鞏固防備，友軍便無法折回而容易陷入困境，所以要特別注意。

支：是無論往那一個方向，只要攻打出去便會招來不利的地形。因此，千萬不要被敵軍的誘敵策略所乘。

隘：狹窄的地形。如果被敵人搶先了，就不要打仗趕快撤退。

險：險峻的地形。必須先佔領了才有利可言。

遠：雙方勢均力敵時，行軍遙遠的路途去打仗比較不利。

一二七、兵敗如下是將領的責任

兵有走者，有弛者，有陷者，有崩者，有亂者，有北者。凡此六者非天之災，將之過也。（地形篇）

孫子把戰敗的情況分為六種，並認為戰敗乃是將領的責任。換句話說，就是招來失敗屬於「指導者的管理責任」。

這種分類的方法，均各以一個字表示之，且每一個字都含有深奧的意義。

走：兵敗而走。這是針對兵力的集中與分散而言。由於作戰策略的錯誤，而以少數遭遇大敵的情形。

弛：軍隊的規律鬆弛。（參閱一二八項）

陷：戰力的空洞化。（參閱一二九項）

崩：指導系統的意見不一致。（參閱一三〇項）

亂：戰鬥部隊的混亂。（參閱一三一項）

北：脫離戰線，推測敵軍的兵力錯誤，結果弱兵遭遇強兵。

一二八、部下有能幹部無能即無秩序

卒強吏弱曰弛。（地形篇）

「卒」，本來是指兵士百人的編制單位，後來廣泛地指一般的「士兵」。「吏」，本來是指官吏，在軍隊中則是指「指揮官」或「幹部」。

孫子以一個「弛」字來表現部下強、幹部弱時組織陷入的狀態。「弛」字原指弓變得鬆懈，失去彈性而沒勁的樣子。

因此，當下強而上弱時，就不能勒緊，不能緊張，以避免「下剋上」。中國的歷代王朝在末朝時都會發生這樣的現象，在上者，往往會因逐漸腐敗而變弱。在一般的組織團體中，這種狀態一定會阻礙正常的運行。

而且，不僅是強弱而已，也有另外的情況。例如：

——部下有能力，而主管卻無能。

——部下有積極的工作意願，而主管卻沒有。

主管好比風，部下好比草，草是因風而起伏左右的，部下則受主管言行的影響。

一二九、幹部有能部下無能組織即脆弱

吏強卒弱曰陷。（地形篇）

當幹部弱而部下強的時候，軍隊即陷入「弛」的狀態，這是不難理解的。但「吏強卒弱曰陷」這句，就不易理解了。

孫子認為，當幹部強力（能）而部下弱（無能）時，軍隊就會進入「陷」的狀態。「陷」字的解釋，自古以來有各種意見。有人說「陷」就是軍隊陷入困境，有人則指使軍隊陷下去……。但卻沒有足以令人徹底理解的定論。這乃是因為「陷」字的意義不明所致。

如果從「陷」的字形上去研究，可知「陷」是陷阱的意思。陷阱的上方常是非常的整齊，可是下方卻是一個空洞，因此，這個形是「空洞」的。

幹部非凡有能，組織全體看起來也很堂皇，但內容卻空洞化，這樣的組織在實戰中一定會招來失敗。換言之，那是因為組織太過脆弱的緣故。

在『易經』有䷖（山地剝）之卦，亦即只有上而內容空的形。此乃表示即將崩潰前的危險狀態，在這種情形之下，按『易經』來說，「也唯有上者充實下者，使之豐富，才能鞏固自己的立場。」

一三〇、指導系統不一致組織易崩潰

大吏怒而不服，遇敵懟而自戰，將不知其能，曰崩。（地形篇）

假如重要的幹部心有不滿，而任意地領兵作戰，那就是將領沒有正確地認識部下的能力。

原文中的「大吏」，是指以重要幹部來取代，亦即上級之吏；也可指副指揮官、副司令或是擔任輔助將領（總司令）的人。

假如將領沒有好好了解副將領的心意，在料想不到時，或為了料想不到的事，說不定會被對方扯後腿而致跌倒，在現今的社會裏，組織裏也常有這樣事情。

至於指導系統的不一致，則意味著組織的「崩」。「崩」本來是指山裂開為二而塌下來。所以說，領導者若優閒自在，組織必至分裂。

至於對策，可從易經的䷖（山地剝）之卦去尋得答案。此卦是於山崩而變為平地的勸戒語。所以為了避免發生危險，就必須厚待下級以安定自己的立場，亦即對快要崩塌的地方，要趕快填土。

一三一、這樣的將領會使戰鬥部隊混亂

將弱不嚴，教道不明，吏卒無常、陳兵縱橫曰亂。（地形篇）

——將領膽怯，缺乏威嚴，指導方針不明確。

——士兵們發生動搖。

——戰鬥配置雜亂無章。

戰鬥部隊如果齊備了以上的條件，則不但無法作戰，還會引起混亂。

現將將領的威嚴，簡單說明一下。只要說到威嚴，便會想到威嚴的態度，但是『尉繚子』（秦始皇的兵法家尉繚子的著作）一書中指出「威在於不變」。也就是說不輕易地變更命令和態度，才是真正的威；不耀武揚威才是真威。

尉繚子更提示「夫將，上不為天所制，下不為地所制，中不為人所制。」亦即指不受各種干涉、蠻橫、限制、雜音的支配，貫徹信念，才是真正的威嚴。

一個社會充斥著互不信賴、人心惶惶的氣氛，是矛盾激化、禍亂臨頭的徵兆。關係合作融洽，但又不唯命是從，這是辦事應遵守的法則。

一三二、不考慮客觀情勢便會失敗

夫地形者兵之助也。料敵制勝，計險阨，遠近，上將之道也。知此而用戰者必勝，不知此而用戰者必敗。（地形篇）

地形是作戰時很重要的輔助。因此，當總指揮官看清敵情訂定作戰計劃時，必須充分地估計地形的狀態和路程。只有詳細了解地形而作戰的人才會得勝，不懂地形而戰者必會失敗。

戰國時的策士蘇秦為訂定對抗西方強秦的六國南北同盟，歷訪各國說服國王，當時他以地形舉例說明，認為只要活用地利，小國也能對抗大國，期望各國抱持信心。

後漢的將軍馬援歷經了南北戰爭後，鞏固了後漢的基礎，他在對光武帝說明如何作戰時，使用穀物製作成立體地圖，以便對實際的情勢一目了然。

無論做什麼事情，沒有不考慮地利和客觀情勢的，即使是登山也需要地圖。

明智的人，能夠在災禍還不明顯的時候就引為鑒戒；聰明智慧的人，會一次就把事情籌畫好，而不需要做第二次計畫。

一三三、同情部下的結果

視卒如嬰兒，故可與之赴深谿。視卒如愛子，故可與之俱死。（地形篇）

把部下當作子女，則他們一旦接到命令，即使目標是深山幽谷，他們不但願意去，也能振起共生死的鬥志。

孫子此種說法，主要就是在強調指揮者對部下感情的影響。

將軍吳起曾親自用嘴吸出部下瘡裏的膿，後來那個部下在一次戰鬥中，為吳起拼命地作戰而陣亡。

不過，這個道理也有兩種不同的見解。

法家的韓非子認為「同情部下並不是真正地疼愛部下，而是希望一旦有事時，部下能替自己效勞。」這種見解當然比較客觀。

另方面，孔子是一個不追求「等價賠款」的人性愛心者。有一次他住宅裏的馬廄發生火災，孔子回家後獲悉此事，脫口而出的第一句話是「人是否平安無事？」

這兩種相反的見解，和人性的善與惡有很大的關聯。誇大一點地說，只要人類存在一天，這永遠是不會終了的主題，而且也不可能有結論。

一三四、不要讓部下變成「任性的兒子」

厚而不能使，愛而不能令，亂而不能治，譬若驕子，不可用也。

（地形篇）

「只是厚待部下而不能如自己的意思去使用，只是寵愛部下而不能下達命令，當部下胡作非為時也不能治理，這樣，就如同父母寵壞了兒子，使他變成任性的人一樣，完全沒有使用價值。」

孫子先強調對部下要有愛心（參照一三三項），而後又說出這樣的話，根據這上下文的句子來看，前句也許是為了要引導出後句而說的引子。

曹操曾研究『孫子』並親自注解。他對這句話也做了如下適切的解說：「恩不可用專，罰不可獨任。」意思是說不僅應給予部下獎賜，也要給予處罰；意即對部下應該恩威並用。

諸葛亮向來信賴並重用部下馬謖，誰知有一次孔明命令他去作戰，他卻違犯重要的軍規，忽視命令，任意變更作戰計劃，結果給友軍帶來莫大的損失。

最後，孔明還是揮淚將他問斬了。

一三五、抱持信念即使君命也不服從

戰道必勝，主曰無戰，必戰可也。戰道不勝，主曰必戰，無戰可也。

（地形篇）

當有了必勝的信念時，即使君主下令不戰，也要戰；但是若沒有必勝的信心，即使君主下令要戰，也不可以戰。

孫子曾說：「君命亦有所不變。」黃石公的兵法書中也有一句「出軍，行師，將在於自專。」

既然身為統率軍隊的將，就必須要有這樣的信念；當然萬一失敗時，也必須要有負全責的覺悟。總之，這種信念並不是指普通的自信，而是有沒有勝利的把握。像馬謖就是因為太過自信，而違背了孔明的命令獨斷獨行，幾乎使得全軍覆滅。

還有前漢的將軍趙充國，因平定西北邊疆而立下大功。他並不服從朝廷以武力討伐羌族的命令，反而讓士兵從事農耕、定居，以和平的手法恢復治安。

國家和個人是安全或是危險，其關鍵在於所作所為是否符合正義，而不在是強大或弱小。

一三六、無價之寶的指導者

進不求名，退不避罪，唯民是保而利合於主。國之寶也。（地形篇）

一個不將成功攬為自己的功績、失敗了由自己負責，一心一意謀求人民的安居樂業，而且不損傷君主利益的將帥，正是國家的至寶。

但是，大多數的指導者都和孫子所說的這些話相反。往往橫行霸道，當有功勞時，全部佔為己有；失敗的責任則要推給別人；視別人的事情與自己無關，更不把社會上的公共事務看在眼裏。在現代的社會上，像這樣的指導者已是見怪不怪，正義只有存在於電視和電影的歷史古裝片中了。

一個思想情操高尚的人，決不能因個人的進退得失而使自己情緒大起大落，失去控制。就因為如此，如果還有這樣實在的人物，那真是國家的大事，也真是無價之寶了。

梁惠王和齊威王相見時，誇口說他擁有珍奇的珠寶。齊威王聽了後就列舉了賢臣的名字，然後說：「這些人是我國的至寶。」梁惠王聽了以後無言以對，並且羞愧不已。

一三七、要了解敵軍與友軍的實力

知吾卒之可以擊，而不知敵之不可擊，勝之半也。知敵之可擊，而不知吾卒之不可以擊，勝之半也。（地形篇）

把這句話加以整理，則大體上的意思如下：

即使只知道我方的部下擁有勝過敵軍的實力，而不知道敵軍是不易打倒的對手時，則勝敗的機率各有五成；若知道敵軍是可以打倒的對手，而不知道我軍不具備有那樣的實力，則勝利的機率也可能只有五成。

這是孫子基本思想中對於敵我兩面的思考。任何事物都有兩面，例如，敵軍與友軍，表與裏，利與不利，善與惡……，如果凡事不能將兩面均加以考量，即不能把握住正確的全體像。於是孫子便把謀攻篇中有名的話，當作結論在此提出來。

「知彼知己者，百戰不殆。」（參閱二二項）

下圍棋可貴的是先看若干步棋，每一顆棋子都不隨便亂放，所以能夠做到一顆敵十顆。打仗同下棋一樣，要有戰略眼光，事事搶在前頭，就能獲取勝利。

一三八、勝敗被「場所」左右

知敵之可擊，知吾卒之可以擊，而不知地形之不可以戰，勝之半也。

（地形篇）

雖然已經知道敵人是可以打倒的，同時也知道我方具有足以打倒敵人的實力，但仍不能完全獲勝。因為還必須要熟悉地形，否則勝利的機率還是只有五成。

孫子又把一三七項中的「兩面思考」推進了一步，作為立體的思考。不但必須認識對方與自己的實力，而且還必須認識兩者的立地條件。因為力的強弱，往往會被站立的「場所」所改變。就好像投考的學生震懾於考場的氣氛，而無法發揮本來的實力。

三國時代的赤壁之戰中，南下而來的曹操大軍有十數萬的兵力，孫權和劉備的聯軍則是臨時拼湊而來的，只有三萬左右，相差非常懸殊，但因為長江的天險，使得兩者的力量大大地倒轉過來。

如果沒有堅定的、積極進取的精神，單純消極的防守，也決不是穩固的。計謀考慮立足於萬無一失，然後不論進攻或防守，都不會有疏忽。

一三九、開始出動後即不要猶豫

知兵者，動而不迷，舉而不窮。（地形篇）

「知兵者」，是指深知友軍、敵軍的實力及地形等三者的人。只要精通了這些，採取行動時才不致猶豫，同時開戰後也不會陷入僵局。

唐代的監察御史杜牧，是一位『孫子』的研究家。他對這句話的解說是：「知道了這三種以後，未開戰就已勝過敵軍，所以才不會猶豫也不會困惑。」除了知道這三者以外，還需有自信。如果不知道這些，即使看見了也不會看入眼；相反地，若是知道得很詳細，只要過目就可以看得很清楚，則自然容易勝券在握了。

能夠正確判斷什麼是安全，什麼是危險，就能在紛亂的災難與平安面前獲得安寧。我們不應只顧眼前利益，而忘卻將來產生的惡果。

對未知的事物具有挑戰精神的確是有必要，具有忍耐不安、開闢新事物的精力也很重要；但是儘管如此，還是需要事前充分地調查研究後才能採取行動。這即是所謂的「動而不迷」。

一四〇、能對付變化無常的人才能生存

知天知地，勝乃不窮。（地形篇）

為了保持勝利，必須懂得天時、地利。

天時即時機，擴大起來說便是時代的潮流；而地利可以說是適合的環境條件。

唯有能夠好好應付時代潮流與環境變化的人，才能確保勝利、繼續生存。但是無論如何強大有力，也仍無法抵得住時代的潮流和環境的變化。盛者總有一天會衰微，勝者也總有一天會失敗的，然而如果具有對天時地利的透徹洞察力，也許還可以拖延衰敗時期的到來，以便預測將來，並讓自己改頭換面、重新出發。

以上的解說是把「天」當作天時，把「地」當作地利；但是也可以把「天」視為陽，把「地」視為陰。陽變為陰、陰變為陽，無限地反覆變化，使晝夜能接踵而來。最好的方法也就是應付變化，亦即「勝乃不窮」。

聰明人做事情，能變不利因素為有利因素，能使禍轉化為福，能使失敗轉化為成功。有才能的人，能夠看見尖端上非常細微的東西。

一四一、九地法——適應環境的心理戰

用兵之法，有散地，有輕地，有爭地，有交地，有衢地，有重地，有圮地，有圍地，有死地。（九地篇）

孫子列舉了九種地形，並提示了在該地形的作戰方法。以免在作戰時受到心理上的影響。這個「九地法」，就是一種適應環境的心理戰法，也是孫子把地形加以分類的獨特見解。以下列舉了九地的概要。

散地：由於某種原因，不能集中將士戰意的地方，所以在這裏不要作戰。

輕地：由國境稍微進入敵地的地方。此地不宜落腳，還是早一點撤退較好。

爭地：敵友雙方都希望得到的地方，不要為利所誘而急於攻打。

交地：從雙方都易於進入的地方，因彼此交錯在一起混戰，所以要時時注意部隊間的聯繫。

衢地：眾勢力錯綜複雜的地方，以外交談判為優先。

重地：深入敵國心理上易受重壓的地方，可利用掠奪使之發散。

圮地：地形險要不易行軍的地方，要趕快通過。

圍地：出入口狹窄，中間被圍繞起來的地方，不要戰鬥，要以計策作戰。

死地：除了戰鬥以外無法生存的地方，所以要拼命地作戰。

一四二、分化敵方的內部

古之所謂善用兵者，能使敵人前後不相及，眾寡不相恃，貴賤不相救，上下不相扶，卒離而不集，兵合而不齊。（九地篇）

自古以來，善於作戰的人，擅長於分化敵人的內部、切斷敵方的前衛部隊與後衛部隊，使大部隊與小部隊的依存關係消失、階層之間引起對立、幹部與士兵不合作、士兵分散而不聚集，而且分散士兵之間的團結心。

秦朝滅亡後，項羽與劉邦對抗了四年，起初項羽佔優勢，但是，劉邦在最後的戰鬥中，終於轉劣勢為優勢，獲得勝利而創始漢朝。

項羽失敗的主要原因，在於他和有能力的軍師范增相對立，而且又陷入了劉邦的圈套。

有一次，項羽的使者到劉邦的大本營，劉邦以豪華的宴席招待使者，見了面後就故意露出驚訝的臉色對使者說：「我以為是范增軍師派來的使者，原來是項大王派你來的。」說完後就換上了簡陋的酒菜來招待使者。項羽聽取了這個使者的報告後，開始懷疑范增。結果使范增憤而去職，並在歸鄉的途中因氣憤而亡。

一四三、不要忘記勝負的成本計算

合於利而動，不合於利而止。（九地篇）

合乎利的事就做，不合乎利的事就不做，這是非常明顯的道理，但是事情並不那麼簡單，此乃因「利」的概念未必很明確。現在所說的「利」，主要是指賺錢；但孫子所提到的利，不僅是指賺錢，還有更廣泛的意思。

「利」字原是由禾（稻草）和耜（鋤頭）所合成的字，原本意味著「使耕耘方便」，但另外也可用來表示「經濟實惠」和「佔便宜」。

孫子的這句話，當然是指「有利益」的時候，但似乎也含有「方便」和「不是很勉強」的原意。根據前後文和其他的用例來看，還是解釋為「不要勉強地硬幹，可以佔便宜時，再做做看」較為正確。

利的相反概念是「義」，所以論理有「君子喻於義，小人喻於利」、「見利忘義」等名言。不過孫子並非針對倫理的問題而言，而是站在勝負上的計算觀點而說的。

一四四、中止人的行為方法

奪其所愛則聽矣。（九地篇）

這是孫子針對「當井然有序的敵軍進攻時，應如何抵禦？」的質詢，而回答的話。換句話說，只要奪取對方最重要的東西，對方就會聽從我方的要求。

「圍魏救趙」（參閱十項）的作戰方法，和這句是同樣的道理。

扣押人質的行為，其原理也是一樣的。雖然行為卑劣，但是，卻合乎奪取對方重要的東西，以便控制他人的戰術。

這個戰術，不禁想起了在日本遭遇到的小事件。在某個寒冷的冬夜，一個醉漢搭上了電車後，就把外套脫下放在椅子上，然後拉開長褲的拉鍊開始「方便」，而且還邊尿邊走，悠悠哉哉地在車廂內走來走去，因為乘客不多，所以醉漢所走的範圍非常廣泛，雖然丟人現眼，但也沒有人有辦法制止他。

這時，有一個年輕人，把醉漢的外套放在他所走過的地方，他雖然已經酩酊大醉了，但也認出那是自己的外套，就停止了不雅的行為。年輕人在瞬間揍了醉漢一拳，就很快地走到另一個車廂。這真是一幕不用人質，而用「物質」的漂亮兵法。

一四五、弱小勢力的生存方法

乘人之不及，由不虞之道，攻其所不戒也。（九地篇）

「乘人之不及，由不虞之道，攻其所不戒也。」亦即趁著敵人還沒有趕到時，經由令人料想不到的小道，去攻打完全沒有防備的敵人。

古今中外的戰史上，經由小道出其不意地攻打敵方，而獲致大勝的實際戰例不勝枚舉。這種戰術通常使用於敵我勢力懸殊的戰鬥，按照這個兵法，我們可研究弱小組織對抗強大組織時，維持生存的方法。

走同樣的路線，用同樣的戰術交戰，當然是強大的一方獲勝，所以弱者要攻破對方，必定要靠智力。智力和物理的強弱無關，具有無限的可能性。

首先，弱者要努力地去發現誰也沒有做過的事，也就是去發現處女地，而且以「人之不及」為目標。

其次，大大地變換創意（想法），研究別人不曾想到的事情，也就是「不虞之道」，然後再去攻打強大組織所疏忽的地方——「所不戒」。

一四六、做什麼事都不要半途而廢

凡為客之道，深入則專，主人不克。（九地篇）

攻入敵地時，就要斷然地攻入內部，如此將士除了力戰外別無他法，而且敵方在友軍猛攻之下是不能抵抗的。

孫子在本句下面又接著說：「從敵方的沃野搶奪穀物，在現地籌措要供應全軍的糧食，更要充實氣力、運用計謀。」

在孫子的時代也許可以按這兵法行事，但這種方法相當危險，因為在這兵法中完全沒有考慮到敵國人民會反抗的這個要素。在敵國掠奪只是愈發激起敵方的抵抗罷了，而且長期化的戰爭，亦會使得士氣降低。

關於這一點，只要回顧拿破崙、希特勒進攻莫斯科的失敗，和日本軍侵入中國的失敗，即可明瞭。

孫子的這個戰略，唯有以古代中國的諸侯國為前提才可以成立。

不過，如果僅作為理論，那麼，不可半途而廢的道理是可以使人理解的。因此這句話如果當作教訓，告誡人「無論何事都必須做得徹底才有成果」，也有恰如其分的意思。

一四七、死地之計——追逐到底全力以赴

投之無所往，死且不北。（九地篇）

為了使士兵們拼命地戰鬥，就要追逐士兵們到戰場以外沒有去處的地方。除了打仗以外，沒有去處的地方叫做「死地」，因此，這個戰術便稱為「死地之計」。

孫子更進一步地說道：

「徹底被追逐的士兵，再也沒有後顧之憂。既然沒有去處，就會自然地團結起來，深入敵地也不會動搖，在沒法子之下就要打仗了。」

「這麼一來，上官不必一一指揮，士兵們也會互相勸戒，而且自主地行動、團結，不違背軍紀。」

「當發出出戰的命令時，士兵們必會喜極而泣。只要把他們投入沒有生路可逃的地方，自然就會成為像歷史上以勇者而聞名的專諸和曹劌那樣，非常的勇敢。」

當然，這和「背水之陣」的道理一樣。

一四八、不要使部下產生動搖

禁祥去疑，至死無所之。（九地篇）

絕對禁止依靠神諭和占卜，只要採取萬全的措施，不要使士兵們起疑心，士兵們一定不會動搖其信念而戰鬥到最後。

到春秋時代為止，占卜仍具有很大的力量，不論是預測勝敗、決定是否開戰、決定出征日期等，一切都依靠占卜。

但是，孫子卻是一個排除占卜、根據人們意志合理地計算一切的人。雖然這和現代的意志決定法仍有很多不同，不過，這樣就脫離了迷信。其「禁祥去疑」就是聲明放棄迷信。「不依賴神諭和占卜，避免抱持疑心」，這種訓戒的話，在當時實在是很有份量。

一般人雖然不相信占卜，但多少仍會有些介意；而且由於迷惑，也有不少疑心煩惱的事。那些在戰史上曾留下勇名的武將中，也有先暗中預先捏造對自己有利的神諭，以便讓部下抱著信心的例子。

總而言之，唯有不信占卜、只相信自己本身的人，才能當指導者。

一四九、放棄派系主義

善用兵者，譬如率然。（九地篇）

指善用兵的人，其作戰的方法就如同蛇。

「譬如率然」雖然譯成「蛇」，但原文中「率然」的意思，是指突然或出其不意。後面又繼續說明「率然乃常山之蛇也，擊其首則尾至，擊其尾則首至，擊其中則首尾俱至。」

常山，位於河北省，為中國五大名山之一的恒山（北嶽）。從前在此山有一種蛇，常出其不意地攻擊人。這種蛇，只要打牠的頭，尾部就會突然地向人攻擊；打牠的尾部，頭就會襲擊人；打牠的軀體，頭和尾就同時攻擊人，是一種反應很猛烈的蛇。

孫子以這種蛇比喻作戰，說明作戰時全軍必須能機動性地活動，無論被攻打到任何部位，都必須能以全體來對付。

組織強大起來以後，動作免不了就會遲鈍。例如，縱系統的內部組織往往會陷入各派系的爭鬥中而失去聯繫。古今中外類似這樣的弊害很多。

因此，孫子的這句話，表示組織應有的狀態是永遠的課題。

一五〇、面臨危險時即要團結

夫吳人與越人相惡也，當其同舟而濟遇風，其相救也，如左右手。

（九地篇）

現在日常中所使用的成語「吳越同舟」就是出自於此。「吳越同舟」就是指立場不同的人同舟共濟的意思。

吳國與越國互有仇恨，但是，兩國的人如果同乘一艘船，當遇上暴風雨快要翻船時，想必也會像左右手一樣地互相幫助吧！

二千四、五百年前，吳、越兩國各自擁以蘇州、紹興為都城，兩國激烈地對立著，一再地演出死鬥事件，因為彼此忘不了敗戰亡國之恨，所以有「臥薪嘗膽」的成語故事。

但像這樣的死對頭，在面臨共同的危機時，也不得不通力合作了。

總之，只要給與危機感，即使是敵對的兩方，都可產生同仇敵愾、齊力同心的意識。這是自古以來，為政者時常使用的手段。可是，煽動侵略的威脅，使國民朝向另一個方向，卻是千萬不可以做的事……。

一五一、政治優先於軍事

方馬埋輪，未足恃也。齊勇若一，政之道也。（九地篇）

即使佈好了銅牆鐵壁的陣，也不能說已經足夠了，必須要能夠使將士們鼓起勇氣來從事戰鬥。但這完全要靠政治來辦理。

漢民族的中國人，自古以來在傳統上就重文輕武，比較重視政治。由於當時的漢民族為農耕民族，曾經嚐到遊牧民族騎兵來襲的苦頭，知道用武力對抗的界限，所以將政策改為以政治第一。

楚國的宰相，即兵法家的吳子說：「非車騎之力，聖人之謀也。」依靠政治的力量當然比依靠軍事的力量更有效。軍事，被認為是政治的一個手段。但這句話也可以解釋為「戰略勝於戰術」。

吳子也說：「百姓皆以我君為是，以鄰國為非，戰已勝矣。」

兵法書『尉繚子』之中寫著「兵勝於朝廷」，意思即是說決定戰事勝敗者乃政治。

武力是用來平定禍亂的手段，文化、教育是鞏固政權、治理國家的工具。獲得群眾擁護的人，他的事業就興旺發達；失去群眾擁護的人，其事業就會失敗。

一五二、想太多即不能行動

善用兵者，攜手若使一人。不得已也。（九地篇）

善於用兵的人，會使多數的士兵團結起來，就好像在使用一個人一樣。假如士兵們不願意這麼做，就要使他們那樣做。

選擇的種類太多，迷惑也隨之增多。在組織中，往往因為成員的意見太多，不容易統一而變得四分五裂，甚至不能採取行動；如果能用充分的時間討論，得到更好的結論則是最理想的，但現實上往往沒有那麼充裕的時間。所以說，還是沒有選擇的餘地時，比較容易統一。

個人也是一樣，有時東想西想，想得過多時，反而無法採取行動。這時便和孫子所說的相反，一個人分裂為多數人了。

日本戰國時代的武將，後來創建福岡藩的黑田如水，在留給長子長政的遺言中說：

「辨別是非的能力若太好，則在大規模的合戰中就難以成功。因為你會因過於聰明，對於將來的預測過於清楚，而不能立下大的功勞。」

一五三、徹底的秘密主義

能愚士卒之耳目，使之無知。（九地篇）

應儘量瞞騙士兵們的耳目，使他們不能獲知作戰的計劃。

孫子有很多思想都能得到現代人的理解與共鳴，可活用於現代生活的部份也不少，但像此句「能愚士卒之耳目，使之無知」，卻是現代生活中所不能認可的。

我們照原意來檢視這個句子的基本想法，孫子在本句的前後說：

「將軍的任務是冷靜而且嚴肅的。」

「應付突發事件、改變行動和作戰，但是，應避免讓部下和士兵知道。」

「改變擺陣和繞道而行時，要避免使士兵們胡思亂想。」

這是徹底的秘密主義。對當時近似奴隸管理的士兵管理來說，也許不這麼做，就無法管理；說不定在現代也有某些領導者，內心裏希望仿照這樣的管理法來對付部下……。雖然有人說：「商量事情，因為能保守秘密，所以獲得成功；因為洩漏出去，所以招致失敗。」但這是指「極機密」而言。

一五四、到樓上去把梯子拆掉

帥與之期，如登高而去其梯。（九地篇）

在率領士兵作戰時，若遇到緊要關頭，最好是使士兵如同爬上高處再拆掉梯子一樣，令他們沒有退路，勇往直前。

常聽人說「不要做使人登上二樓再把梯子拆掉的事」，但是，孫子的意見卻相反。這是斷絕退路，使之不得不戰的計策。想法和「背水之戰」一樣，不過，他強調的是有意識地、人為地造成這種狀態，實在是令人難以想像。

孫子又說道：

「率領軍隊深入敵地，則如同離弦之箭向前猛進；把船燒燬、把鍋子打壞，使士兵們放棄生還的念頭。」

「將領應使士兵有如被追逼的羊群，任其指揮，不知要進到何處，也不知目的地。」

「好好地掌握住全軍士兵，並追趕到困難的地方，這才是將軍的工作。」

一五五、「變化管理」的手續

九地之變，屈伸之利，人情之理，不可不察。（九地篇）

戰場往往變化無常，而且會一直延續下去。因此，不要把變化視為異常，一定要認清變化才是常態，否則就跟不上去了。

那麼，為了要實施「變化管理」，該怎麼辦呢？孫子所講的「九地之變，屈伸之利，人情之理」，簡單地說便是：

——狀況的變化。

——對付變化的有效方法。

——士兵的心理。

尤其是身為指揮官的將軍，對這三個條件必須要認清。

首先要看清楚變化的狀態，只要有所預期，即使是未知的東西，也要冷靜地觀察清楚；因為狀況無論怎樣變化，總是有類型的，這也就是所謂的「九地」（參閱一四一項），然後再或屈或伸地去對付，而且也應把士兵們的心理考慮在內。

一五六、按照老辦法給人的印象不深

施無法之賞。（九地篇）

日本戰國時代，最初統治天下的英雄——織田信長，獎賞有功部下的方法與眾不同。舉例來說，當立功者以為這次定可拿到寶刀當獎品時，得到的卻是衣服；當他心中希望得到馬時，卻出乎意料之外的得到獎金，總是非常地出其不意；而且同一程度的功績，但所獲得的獎賞未必相同，對於身份低的人便多給點獎賞，而身份高的人，因本身的條件較好，所以給與的獎賞便少些。

對於此，織田信長的解釋是：「進攻敵人時，必須攻打對方出其不意的地方，才會有利，而獎賞也是一樣的。」

不知道織田信長對『孫子』是否有研究，不過，『孫子』裏也有這種給予獎賞的方法，也就是前面所說的「不按照老辦法給與獎賞」。

某家公司因頒發董事長獎給提出好構想的員工而獲得好評，於是制定了「構想獎支付規定」，並設置委員會，以期使這辦法持久下去。誰知議論百出，總是那幾個人在領獎，表揚典禮也變得敷衍了事，結果也沒有效果，最後終於被廢止了。

不但獎賞如此，其他如禮物、演說、書信……若總是老套的話，給人的印象也就不深了。

當事情已經行不通時，聰明智慧的人就會改變他的作法；當制度法令已經出現弊端漏洞時，就要加以改革。

一個成功的人或企業，一定會根據客觀條件的變化，不斷修正策略措施，不會死抱住一些過時的教條不放。不在一些無效益的事情上費功夫，不在一些無意義的事情上消耗財力。

一五七、事實是第一

犯之以事，勿告以言。（九地篇）

當要推動人的時候，應該提示事實，使之願意接受；不要以為把話掛在嘴邊，就能夠推動人。

「犯之以事」的「犯」是「危害」「損失」等意思。曹操對這個「犯」字的解釋說是「使用」，但並非指普通的使用，而是說即使會損傷對方，也總得想辦法來驅使對方。

別以為僅依靠口頭命令就可以簡單地驅使人，只有事實才是最偉大的說服者。

秦國的宰相商鞅要公佈劃時代的法令前，擔心人民不相信法令的內容，於是就在都城的南門放置一根大木頭，並豎立一塊牌子，上面寫著「將此大木頭搬至北門者，可獲十金作獎賞」，由於十金是鉅款，誰也不相信，所以就無人搬運大木頭；商鞅又把獎金額提高至五十金，有一個人半信半疑地把大木頭搬到北門，結果卻真的獲得了獎金。

不多久商鞅就頒布了法令，而人民無一不遵守的。

一五八、追逼部下使之全力以赴

投之亡地，然後存，陷之死地，然後生。夫眾陷於害，然後能為勝敗。

（九地篇）

一個人唯有陷入絕境、進入死地的時候，才會找出活路來。士兵們也唯有身陷險境，才會真正地參加戰鬥。

不過，當被追得走頭無路時，也有可能喪失了戰意，為了避免如此，並要全力以赴，就應依靠平時的訓練以儲蓄實力。因為如此一來，身體已受過訓練，在無意識中就會發揮全力。但如果是團體，便還要依靠領導者的領導能力。

吳起在魏國當將軍時，時常大擺宴席招待士兵。他會讓武功最高的人坐在最前排，用最好的酒菜招待；中等程度功績的人坐在中排，用中級的酒菜招待；沒有功績的人則坐在後排，用簡陋的酒菜招待。散會回家時，又按照功績分發禮物帶回去贈與父母妻子。

不久，鄰國的秦大舉入侵魏國，吳起召集從未立功、宴席時經常坐在後排的士兵，親自統率去和人數多於十倍的秦軍交戰，那些沒有立過戰功的士兵們，為求表現拚命抵抗，竟然擊敗秦國的大軍。

一五九、為對方的立場設想

爲兵之事，在於順詳敵之意。（九地篇）

打仗時，最要緊的便是要站在敵人的立場，以了解對方的心理。原文中的「順詳」，並不是指從外面加以判斷，而是「按照對方的想法，詳細了解對方」。

只要站在對方的立場加以考慮，以前不明白的事情，也可以漸漸了解。

日本的劍豪宮本武藏在所著的『五輪書』中，舉出「成為敵」為勝敗的秘訣之一。其意是指「使自己暫時成為敵方，而替敵方設想。」假如自己是敵人，將會採取什麼樣的行動呢？根據這個設想來訂立作戰計劃。

這是在談判的時候必須具備的手續。

漢惠帝去世時，宮廷裏的侍從張某，詳細觀察最高的權利者呂太后從頭到尾的一舉一動，然後告訴宰相陳平說：

「惠帝是太后唯一親生兒子，親生骨肉死了太后卻一點也沒有悲傷的樣子，這乃是因為害怕你們重臣的反叛，所以沒有寬裕的時間哀傷，只怕你們有被整肅的危險。」陳平聽了以後，保奏呂太后一族就任要職，以表示沒有反叛之意，才免去了被整肅的危險。

一六〇、開始的時候像個處女……

始如處女，敵人開戶。後如脫兔，敵不及拒。（九地篇）

我們經常使用「始如處女，後如脫兔」來形容起初顯得很溫和，後來進行猛烈的行動。但是，很少人知道這個成語是出自孫子兵法。

也就是說，剛開始時，像個處女一樣地溫和，使對方安心，等後來才如同脫兔般猛烈地橫衝直撞，這個時候已安心了的對方冷不防遭到攻擊，就無法抵抗了。

附帶說明一點，「處女」的「處」本來是指未曾出門而在家之意，總之就是指未出嫁的姑娘。其本意不是指肉體上的現象，從前未婚女性的特徵就是純真無邪而軟弱的，假使不知這個道理，也就無法了解此句的意思。

再說「假裝……」也是兵法的秘訣之一。但並不是以弱小假裝強大，或什麼都不清楚而假裝什麼都知道。而是裝成弱小不堪一擊的樣子，以使對方放心，使對方驕傲自大；或者假裝不知道的樣子，以便探索對方的實力、獲知新知識。

一六一、胡亂地放火沒有意義

凡火攻有五。一曰火人。二曰火積。三曰輜。四曰火庫。五曰火隊。

（火攻篇）

孫子相當重視火攻，所以特別寫了「火攻篇」來說明用火攻時的注意事項。

中國歷史上最有名的火攻便是三國時的「赤壁之戰」。當時曹操率領十數萬大軍南侵，孫權和劉備的三萬多聯軍迎敵，在長江中游赤壁的水戰中獲得大勝。

此乃孫權的部將黃蓋向曹操詐降，以滿載枯草、經過偽裝的十艘輕舟直入曹操的大本營，並放火攻入曹操的船隊。

孫權與孫子的時代相距約五、六百年，被視為是他的子孫，而且還承襲了先祖的兵法。有趣的是，曹操也親自整理孫子兵法，更著有詳細的注解，誰知道還是遭致火攻，被打得全軍覆沒。不過，也說不定曹操就是因為這一次的敗北，親眼體會到孫子兵法的威力，才開始研究「孫子」的呢！

另外，開頭的這句話，把火攻的目的與對象分為五大類，以明確火攻的意義。這五大目的與對象為①人員的殺傷、②積囤在野外的糧食、③物資輸送車、④倉庫、⑤敵陣的混亂。

一六二、確認「為何要這樣做？」

行火必有因。煙火必素具。（火攻篇）

上句的意思是，既然要進行火攻戰術，必然有要那麼做的理由，因此，必先確認理由之後才進行。

下句的意思是，火並不是隨便放就可以了，一定要在平時就齊備工具和材料。

火攻是一種非常手段，所以要特別慎重。尤其必須充分地確認「為何要這樣做」後，才可以採取行動，否則可能會帶來意外的結果。

必須「再問」的，不僅僅是關於火攻的問題。

日本歷史上，有名的火攻是十二世紀末平重衡放火大燒南都（奈良興福寺），以及十六世紀時織田信長火攻延曆寺。這兩次火攻都是因為敵方的反抗而起，但是否有報復的感情摻雜在內，就不得而知了。

不過，這兩次火攻站在政治的立場來看，未必是成功的。平氏的那一次火攻，甚至加速了平氏的沒落。

一六三、分辨成敗的時機

發火有時，起火有日。（火攻篇）

「發火有時，起火有日。」大概的意思是指放火必須挑選時與日。

對於這句話還有附加說明：「時，就是指乾燥之時」。這是理所當然的，因為在下雨時就算放火也沒有用。

「日，是指月亮掛在箕、壁、翼、軫（星座名）的日期，因為這一天會刮風。」這完全是以當時的天文知識為立論基礎，所以，現在也不必議論它的是非。

不過，關於火攻的時機有個很好的例子。

在德川家康還沒有完全自立，而仍從屬於今川義元時。義元以上京為目標，率領了兩萬五千大軍往尾張前進。不料，他的前進據點大高城被織田軍包圍而陷入孤立的狀態，於是義元便命令家康運送米糧來救援大高城。

這是一項非常危險的任務，由於必須搬運四百五十包米經過敵軍駐守之地，部下們的臉色都大變，但是家康卻毫不在乎，等到夜間才把部隊分為兩隊，一隊搬運米糧前進，另一隊去偷襲靠近大高城的織田軍營寨而且放火。

包圍著大高城的織田軍以為敵人來襲，立刻解圍去營救自己的營寨，家康利用這僅有的機會，平安無事地完成任務。

一六四、火攻的各種戰術

凡火攻，必因五火之變而應之。（火攻篇）

如前述，火攻的目的與對象可分為五大類（參照一六一項）；但是，有關火攻時的各種戰術，孫子也舉出五種注意事項，也就是「凡火攻，必因五火之變而應之」的「五火之變」。

現在列舉這五種戰術以作參考。

①敵陣起了火，立刻和起火相呼應，由外部加以攻擊。

②敵陣起了火，但敵陣裏寂靜無聲，則不要大意隨便攻擊；應暫時窺探情形，等到火勢旺盛時再看是該攻入或撤退，無論如何都需要冷靜的判斷。

③原則上火攻都是利用間諜或內應者從敵陣內部放火，但如有適合的條件，也可從外面放火。

④放火時一定要在敵陣的上風頭，而且也不可從下風進攻。

⑤雖然白天的風不停地吹著，但該知道，到了夜間風一定會停息的。

一六五、火攻與水攻的比較

以火佐攻明，以水佐攻者強。（火攻篇）

這是在比較火攻與水攻。但因只用「明」與「強」作抽象解說，又沒有加以說明，所以極不易理解。自古以來的學者也想不出一個所以然來。有學者將之說明為「因為火明亮，友軍的兵力也有被識破的缺點」；有人認為「明」是智慧的作用，「強」是力的作用……。這樣的解釋不知是否妥切？

利用火攻援助主力軍是智慧的輸贏，利用水攻來援助主力軍的攻擊，則是力的攻擊。

要使火攻發揮效力，並非放火亂燒一陣就可以了，必須和別的行動聯合起來加以活用。以水攻和火攻相比，火攻比較有知性，可以說相當於棒球的「hit-and-run」。

至於水攻，也許較適合在日本使用。中國大陸若是動用水攻，可能會淹沒了整個大平原。因此，孫子視水攻為憑力氣的輸贏，而缺乏了「明」。

但是，日本戰史上經常使用的戰略，是在圍城之後再斷絕飲水的供給口。

一六六、不要僅注意勝負而忘掉目的

夫戰勝攻取，而不修其功者凶，命曰費留。（火攻篇）

即使戰爭獲勝了，但如果目的沒有達成，也是大失敗，而且徒勞無功。無論戰爭或爭論，必定事出有因，換句話說，應該是有目的才發生的。但是一般來說，在戰爭的進行中，總是忘了目的，僅注意到想要獲勝。當然這也難怪，只是獲勝之後，若得手的只是廢墟和憎惡的話，又有什麼用呢？戰爭時如果缺乏了戰略上的思考，即容易變成如此。

以往有學者將此句解釋為「說明戰勝後的經營」亦即指「即使在戰爭中獲勝，但若不能活用戰果，也徒勞無功了。」

夏桀搞亂的國家，成湯承繼過來把它治理得很好；殷紂腐亂的國家，周武王承繼過來也把它治理得很好。他們所管理的是同一個國家，人民也是同一些人民，可見，關鍵在於符合人民利益。

一六七、不要憑著感情意氣用事

主不可以怒而興師，將不可以慍而致戰。合於利而動，不合於利而止。（火攻篇）

身為君主者，不因由於憤怒便起兵。身為將者，不要由於憤怒而交戰，不要為了一時而感情用事，必須冷靜地判斷，有利時採取行動、不利時就不要採取行動。憤怒的感情可能會隨著時間的經過而收斂，但是，國家一旦滅亡了，即不可能再興，也就完蛋了。

因此，越有責任的人，就越應對這個道理銘記不忘。日本電影「忠臣藏」的劇中主角淺野內匠頭，因為一時的憤怒，招來了家破人亡的慘劇，而且也犧牲了許多優秀的人才。

三國時代的劉備，為了盟友而且也是忠臣的關羽遇害而激怒不已，強行盲目地冒遠征之危險，結果戰敗而亡，連叡智的諸葛亮也無法阻止。

一個人善於控制自己，莫過於止息忿怒、遏止情慾。君子要努力提高自己的品德修養，約束各種私心雜念就不會成為負擔。

一六八、為了收集情報不可吝惜費用

愛爵祿百金，不知敵之情者，不仁之至也。非人之將也，非主之佐也，非勝之主。（用間篇）

吝惜支出獎賞和費用，而忽略收集敵方情報的指導者，就沒有資格領導眾人當將軍，更不是君主的理想輔助者；同時這種人也不能成為勝利者。

這是孫子對調查情報活動毫不關心的指導者所發出的嚴厲批判，他斥責這樣的庸材，是有確切理由的。他說：

「動員十萬軍隊去遠征千里的路程時，人民的負擔和國家的經費，一天不下千金，而且內外引起一片大騷動，人們東奔西走，必有七十萬以上的農家放棄家業，如此對峙了數年之後，在一天之中就要決定最後的勝敗。」

既然要付出這麼大的犧牲，難道可以吝惜收集情報的費用嗎？僅要付出一點費用，即可避免很大的犧牲，這效果是難以估計的。

孫子後來也在後面一章「用間篇」，說明情報活動的重要性。

一六九、收集間諜所提供的活情報

明君賢將，所以動而勝人，成功出於眾者，先知也。（用間篇）

明君賢將所以能夠一戰必勝，比眾人獲得出色的成果，那是因為他們有「先知」的能力。

「先知」即指未開戰之前就已知道敵方的狀況，以現代用語來說，便是收集情報。另外，「先知」也能預知將來可能發生的事情，亦即預測的意思。

該怎麼做才能做到「先知」呢？孫子也對此做了以下的提示。

「先知不可取於鬼神，不可象於事，不可驗於度。必取於人而知敵情也。」

當時，最普遍的方法是：

①取於鬼神（祖靈的神喻）。

②象於事（占卜），或者

③驗於度（方位）。

但是，孫子非常排斥這些方法，有的學者把②作為經驗來解釋，把③當作數來解說。不過，這些都不是為了先知，而是將事實拿來作為判斷的材料。

孫子認為為了獲悉敵情必須依賴「人」，也就是「間諜」。間諜可能會給人陰謀的感覺和陰暗的形象，但是，當時與現代的感覺不同，孫子的目標在於由人所提供的「活的情報之收集」。

朝好的學習，就像登山一樣，每前進一步都很不容易；向壞的學習，就像崩塌一樣，很快就會不可收拾。任何的事務，任何的人材，都不會是完美無缺的，我們應該揚長避短，使物盡其用，人盡其才。

一七〇、間諜可分為五個種類

用間有五。有鄉間、有內間、有反間、有死間、有生間。（用間篇）

收集敵情的間諜可分為五種：

1.鄉間：「因其鄉人用之」。乃從敵國的住民處收集情報。

2.內間：「因其官人用之」。乃從敵國的官員處獲取情報。

3.反間：「因其敵之間而用之」。對敵國的間諜施以小恩惠，而反加以利用之。

4.死間：「委敵也」。抱著必死的決心潛入敵地，以便傳佈假情報。

5.生間：「反報也」。從敵國生還回來報告。

以上是利用敵方的人，以下則是由我方所派遣。

從現在的感覺來看，這些分類與命名雖不夠詳盡，但也是以推測大概的活動。其中的「反間」就是指一般的間諜，同時也可使用於拆散人與人之間的交往。最常被人拿來當成語使用，如「反間苦肉計」。

一七一、值得信賴的人才能充當間諜

三軍之事，交莫親於間，賞莫厚於間，事莫密於間。（用間篇）

在全軍之中，最值得信賴的人才可以充當間諜，同時給予最高的待遇，關於他的活動，則絕對要守密。

說到間諜，一般人也許會聯想到身份低賤的線民，但是孫子所提出的間諜，卻都是很有名氣的人物。

「殷朝替代夏朝而興起時，功臣伊尹特地到夏都去刺探情況；而替代殷朝振興起來的周朝，據說其功臣呂尚也曾經到過殷都。也唯有能把如此叡智的人充當間諜交與對方使用的名君賢將，才能完成大業。」

伊尹和呂尚在中國古代史上是屈指可數的大人物，是否可以把他們視為間諜，也許有其疑問，但是，孫子想必是為了提高對間諜任務的評價，才故意提出這樣的大人物吧。

有時候間諜的工作成效，還可以使主上不戰而勝，即使要戰，也可以減少犧牲而獲勝。所以在孫子的兵法上，間諜是少不了的。比起現在的間諜，具有更大的意義，也是一個具體實現「知己知彼，百戰不殆」的人材。

一七二、不能使用間諜的君主

非聖智不能用間。非仁義不能使間。（用間篇）

孫子兵法是一種勝負的科學，和倫理道德完全沒有關聯，所以，完全沒有提到中國古典上常見的「仁」與「義」。

唯一例外的是在說明有關「間諜」的使用方法時，曾提到了道德問題。

「非聖智不能用間」——若不是叡智優秀的君主，即不能使用間諜。

「非仁義不能使間」——若不是注重仁、義的君主，則不能使用間諜。

「不能」除了有「辦不到」的意思之外，也有「不可以做」的意思。在本文中也許後者才是正確的解釋。因此，孫子的真正意思大概是認為「若不是叡智優異，而且重視仁義的君主，則不可以使用間諜」。

「間」的行為，不僅是收集情報，往往也包括了「謀略工作」。那是把人心裏的名譽心、慾望、嫉妒、憤怒等當作槓桿，以查探或去驅使人心。銳利的刀劍看其使用方法，可成為可怕的凶器，孫子因為知道它的威力和可怕，所以，對使用方法提出了警告。

一七三、整理對方的人物資料

凡軍之所欲擊，城之所欲攻，人之所欲殺，必先知其守將，左右，謁者，門者，舍人之姓名，令吾間必索知之。（用間篇）

無論是要和敵軍交戰、攻打敵城、暗殺敵將，都必須先認知敵方的司令官、親信、秘書人員、守衛、侍從等姓名，使用潛入敵地的我方間諜，應詳細地調查其動靜。

連守衛也要調查，可見做得很徹底。調查好敵方有力者的性格、動靜，而使之和君主失和或垮台的例子，在『史記』、『三國志』的史書中也很多。

不僅是謀略方面，在使用人、推動人時，也必須詳細地了解對方才行。據說齊國的宰相孟嘗君在自宅收容了三千名食客，確保了各種人材。他從初見面的人那裏聽取了對方的出身，並將對方父母兄弟的名字全部記錄下來，而後寄出懇切的問候信，使得對方感謝萬分。

宋朝的名臣呂蒙正，經常身懷手冊，聽取前來就任的人所說的專長後，就記錄下來，以備需要人材時所用。

一七四、獨特的敵情觀察法

敵近而靜者，恃其險也。（行軍篇）

孫子兵法中有個「相敵法」。「相」是觀看的意思，也就是「敵情觀察法」之意，是一種相當獨特的手法。那是根據對方漫不經心的表面現象，去察覺被隱藏的事實，對於指出思考的漏洞，對事物的看法有很大的益處。

「相敵法」共有三十三條，大致上可分為三大類：

1. 察覺敵方動靜的方法
2. 察覺敵方企圖的方法
3. 判斷敵方內情的方法

「敵近而靜者，恃其險也」記載於這「相敵法」的開端，意思是說當靠近敵軍時，對方顯得寂靜無聲而沒有動靜，那一定是敵方依賴天險，或有所期待。

諸葛亮的死對頭——魏的名將司馬懿，去討伐在遼東反叛魏國的公孫淵，那時公孫淵佈陣於遼河對岸，當司馬懿的大軍靠近時一聲也不響，原來他依靠的是遼河的天險，於是司馬懿中止攻擊，把對方的注意力吸引到詐敵部隊去，而派主力繞到背後去攻破公孫淵。

一七五、要提防甜言蜜語

遠而挑戰者，欲人之進也。（行軍篇）

當敵軍不想靠近來，而且不斷地挑撥，必定是有目標，想要引誘我方出擊。只要換個立場，便容易了解敵方的用意。假如想要把敵軍引誘出來，一定要玩弄各種花樣，才能引起對方的注意。

如果糊里糊塗地就聽信了對方的話，可就不得了了。

對於這樣的敵人，最好是慎重地觀察，以便察覺對方真正的意圖。同時，必須避免對方發覺我方對那種引誘已有所注意。

所以說，對方的挑撥，並不是為了引誘我方出去，說不定是要叫我方集中注意力，而繞到背後去偷襲作戰。

總之，一定要提防對方的甜言蜜語。

和這一條觀察法非常相似的，還有另外一條——「敵軍之所以佈陣於無障礙物的平地，是為了故意顯示對我方有利，藉以引誘我方」。

一七六、根據動植物的動態察覺意外

眾樹動者，來也。眾草多障者，疑也。鳥起者伏也。獸駭者，覆也。

（行軍篇）

十一世紀末，在日本任職為「陸奧守」而前往奧州赴任的源義家，曾經統率部隊攻打固守在現秋田縣金澤柵的清原一族，這也就是所謂的「後三年之役」。源義家當時突然看到在天空飛行的雁列忽然大亂，才察覺到地面上必有敵軍的埋伏，於是避免了一場危險的戰鬥。

由於他受到兵法老師大江匡房所傳授的知識，當然也運用了孫子的意見。相傳日本留學生吉備真備在唐朝的長安逗留了十八年，學成孫子兵法於八世紀傳入日本，到了源義家的時代已經過了三百年。在日本，孫子兵法是被當成祖傳的秘訣而承襲下去。孫子根據動植物的狀態，提示了四種查覺意外的方法。

①樹木搖動，是敵軍來襲的前兆。

②草叢裏暗藏機關，是為了使我方生疑，阻礙進軍。

③鳥兒忽然驚飛，顯示有伏兵。

④野獸驚慌而跑，是有大部隊的伏兵。

一七七、根據塵土形狀可知敵人來襲

塵高而銳者，車來也。卑而廣者，徒來也。散而條達者，樵採也。少而往來者，營軍也。（行軍篇）

不了解山川地形的將領，不能指揮軍隊打仗。熟悉地形地物和了解敵人一樣，對戰鬥勝利都是重要的。歷史上的一些戰例說明，地形往往成了改變戰鬥勝負的重要因素。

中國大陸南北方的風土有顯著的差異，例如，長江流域的水量和綠蔭豐富，空氣也潮濕；但是黃河流域卻缺少森林，大平原的空氣非常乾燥。

於是，很自然地就產生了根據塵埃來觀察敵情的方法。據說中國古代的戰車是馬拉的兩輪車，手執武器的將官和車夫乘在車上，後面有一團的士兵跟隨著，這種戰車如以全速奔馳，定會揚起不少塵埃，當：

①塵土以尖形高高揚起，則是戰車來襲。
②塵土低低飛揚，是步兵部隊來襲。
③塵土各處四散細細揚起，則是敵軍在採集木柴。
④塵土往各處移動而飛揚，是敵軍在做露營的準備。

一七八、不要被「自命不凡」所乘

辭卑而益備者，進也。（行軍篇）

當對方一方面說謙虛的話，一方面穩步而順利地進行籌備工作時，就表示將要攻擊了。

孫子的敵情觀察法中，第一個列舉的就是這個項目，也就是察覺敵人意圖的方法。當對方表示謙虛的態度時，明知是奉承，但也頗令人受用，孫子就是針對這樣的人提出警告，千萬不要被自命不凡所乘，而上了對方的當。

『三國志』中的英雄關羽死於非命的主要原因，就是忘記了孫子的這個警告。關羽代理盟友且是主君的劉備，固守蜀的最前線荊州。因為此地是蜀吳勢力的交錯場所，也唯有關羽才能鎮得住這樣的地方。

吳國派陸遜當都督，陸遜就任不久，便寄了一封問候信給關羽，內容非常地謙虛，關羽粗心大意地認為已無後顧之憂了，便率領大軍北上和魏軍交戰。吳軍趁這個機會做萬全的準備，和魏相呼應而侵入荊州，關羽在折回救荊州的途中，卻不幸遇害了。

一七九、越沒有實力者越愛逞強

辭強而進驅者，退也。（行軍篇）

說大話而逞強，又顯示要進攻的樣子，往往是想要撤退的。越沒有實力的人，越愛逞強以免顯出弱點。尤其是在作戰時，更是會這麼做。

西元前五世紀，吳王夫差、晉定公、魯哀公等三人在黃池（今河南省封丘）會盟。會盟是當時諸侯相聚、進行結盟的儀式。這時殺了一頭牛在神前起誓，按慣例執牛耳的人，必須是一個大家都公認為實力的人。

誰知吳王和定公均要執牛耳，各不相讓，數日之後，吳國的使者從本國趕來告急，說越軍大舉入侵，吳王擔心慌忙欲歸國，恐怕會被定公識破而看穿底細，而且一有差錯，說不定會在半途遭到敵方的追擊，於是吳王聽取臣下的進言，當夜以大軍包圍定公的行館，逼其讓步。

晉定公在大驚之下，不得已只好答應，於是會盟成立，吳王一行若無其事地回國。定公若是知道孫子兵法，也許可以看穿吳王的意圖。

一八〇、吸引對方注意的「半進半退術」

半進半退者，誘也。（行軍篇）

當敵方進而又忽退，退而又忽進時，就是誘敵之計。

有的學者把原文中的「半進半退」解釋為「把部隊分為兩半，使一隊前進，一隊撤退」。但是，孫子並不是在說具體的型態問題，而是指似進似退的情況，主要是一種吸引對方意力的行動。好像釣魚時，把釣竿輕輕地一上一下，以便引誘魚兒上鈎。

動物中有的故意顯出扭扭揑揑的樣子，有的則前後蹦跳，以吸引異性的注意，達成求愛的行動。「半進半退，誘也」就和這個道理一樣。

想要推動、拉攏人時，必須吸引對方的注意。在廣告方面，無論是宣傳的文句或相片、圖案，均可以看到既不是露骨的商品表示，卻又表現得足以吸引人家的注意。這也可說是廣義的「半進半退術」吧！

我們在日常生活中，有時也會因漫不經心而被對方的「誘惑」所吸引，糊里糊塗地上了當。

一八一、天空有鳥兒成群時……

鳥集者，虛也。（行軍篇）

「鳥集者，虛也。」指當敵人的陣地上空有鳥群集結時，表示那裏已無人了。

關於「鳥集者，虛也。」只要針對野戰加以想像，就容易明白了。

因為，如果那裏有士兵時，必有刀劍、戟戈等武器閃閃發光、旗幟飄蕩，鳥兒應該是不敢靠近的；但是在軍隊撤退，士兵們留下不少未吃完的東西時，鳥群就看準這些食物而來了。

春秋時代即有這樣的一個實例。

鄭國有一次遭到楚國大軍前來進攻，若要交戰，卻又毫無勝算，所以鄭國開始做撤退的準備；誰知出去偵察的士兵返回報告，楚營的上空有大群的鳥兒在盤旋，這時鄭國的人們才知道楚軍已撤走了。

另外一次是晉國攻打齊國時，晉國的大夫叔向看到敵城的上空有大群的鳥兒，也因此而知道齊軍已逃亡了。

一八二、旗幟動搖表示內亂

旌旗動者，亂也。（行軍篇）

當敵人陣地的旗幟胡亂地搖動時，表示裏面正發生發內亂。

旗幟，對昔日的軍隊來說，不但是團結的象徵、軍隊編制的記號，更是用來作為傳達情報的手段。比我們現在所想像的功能，具有更大的意義存在。因此，旗手一般並不是普通的士兵，而是由優秀的年輕士官來擔任。

『左傳』中有這樣的記載。

西元前七世紀初期，小國的魯在有名的長勺之戰擊敗了大國的齊，使得齊國大軍全部崩潰，魯莊公正想下令乘勝追擊時，卻被將軍曹劌阻止說：「稍候！齊國也許是假裝打敗而另有伏兵。」後來曹劌確認了敵軍戰車的轍散亂，並站立在車上望見敵軍的旗幟搖動不已時，才下了追擊命令。按『左傳』的記載，他所持的理由是「夫大國難測，懼有伏，吾視其轍亂，望其旗靡，故逐之。」

以現代社會來說，一個目標經常變換的組織，其內部也是亂七八糟的。

一八三、幹部著急部下掃興

吏怒者，倦也。（行軍篇）

孫子說：「吏怒者，倦也。」當幹部無緣無故地責罵部下時，表示軍中已疲憊，並喪失了戰意。

日本江戶時代的學者荻生徂徠對於「吏怒者，倦也」的解說易懂又有趣，因此在此引用來作參考。

「吏，就是隸屬於將下的官吏。吏怒者倦也，就是指當士兵疲憊不堪時，不願接受命令，所以官吏才會發怒，因此看到官吏在發怒時，便可以知道士兵們已疲憊不堪了。」

荻生徂徠在解說中又提到，春秋戰國時代的吏是隸屬於將下的官吏，同時也適用於日本江戶時代的下級官吏，如果以現在的職位來說，大概就是中間的管理職。

因為，現在的中間管理職不可能胡亂地發怒，所以只好乾著急，而部下們當然就覺得掃興了。

一八四、越不受歡迎的上司越會囉唆

諄諄翕翕，徐與人言者，失眾也。（行軍篇）

當上司對部下囉唆，或者用巴結式的口氣說話，表示在部下中已失去了名望。「諄諄」是鄭重其事的說話樣子，「翕翕」則是為了吸引對方的注意，而去配合對方的心意。

封建時代官吏的權威，以及擺架子的情形，在戒嚴時期多少還留著餘韻，所以對老一輩的人來說，至少還有印象存在，但年輕的一輩則無法想像。孫子的那個時代剛脫離了奴隸制度不久，將士們的威勢想必是令人懼怕的吧！

同理可知，那些平常作威作福的人，對身份低賤的人說話若很客氣，必定有其理由存在。

現代的社會裏，老一輩的管理職員對於年輕的職員似乎很傷腦筋，往往出現「諄諄翕翕」的現象，看到已上了年紀的中老年人，對和如同兒女輩的年輕人說話還那麼地客氣、卑微，真令人覺得可憐。

一八五、隨便賞罰證明已陷入了僵局

數賞者，窘也。數罰者，困也。（行軍篇）

當指導者亂發獎狀、獎品和獎金時，則表示自己已陷入了僵局。

不用說，這是因為即使下了命令，部下也不聽從，所以，不得不利用獎賞來拉攏部下。但是，獎賞必須稀少才有價值感，胡亂地發給也就無法引起感謝之意了。用物質來拉攏人是有限的，何況人人都有「得隴望蜀」的「特性」，如果使獎賞失去了原來的性質那就完了。

相反地，指導者如果胡亂處罰，表示其已窮途末路了。

雖然形式是相反的，但本質上和用獎賞拉攏人一樣，效果仍是有限度的，而且超過了某種限度，更有引起反抗的危險性。

秦朝末期更為了杜絕人民的反抗，而設立了許多罰則，據說若趕不上勞動服務的日期，便連率領者也一起斬首。秦末起兵的陳勝，就是糾集趕不上日期的農民伙伴起來反抗；建立漢朝的劉邦，也是因為在押送囚犯的路上，連續地發生犯人逃亡事件，才下決心起來推翻秦朝的。

一八六、不要玩弄武力、貪圖勝利

夫樂兵者亡，而利勝者辱。兵非所樂也，而勝非所利也。

（『孫臏兵法』見威王篇）

徒然玩弄武力的人往往會走上滅亡的路，貪圖勝利的人會受屈從於人之苦。本來，武力就不是為了玩弄，勝利也不可以貪圖。

不要徒然玩弄武力，這個觀點和孫子的「兵國之大事，死生之地，存亡之道，不可不察。」是同樣的道理。

但是，孫臏又說，武力有時也是需要的，尤其是為了分清大義名份時，更需要斷然地行使武力。

他說：「堯帝治理天下時，也有不服從的部族，但他並不是袖手旁觀地治理天下，他先戰勝、顯示出強力，才使得天下人服從的。」

「當時有既無德行，又沒有才能，而想要以仁義來維持和平者。當然堯舜也祈願如此，但卻不易做到，不得已才訴諸於戰爭的手段。」

一八七、情勢一定會有所變化

夫兵者，非持恒勢也。（『孫臏兵法』見威王篇）

『孫臏兵法』中說道：「夫兵者，非持恒勢也。」指任何情勢一定會有變化，因此，不能以不會變化的情況來訂立作戰計劃。

中國古老寓言中，有很多是在諷刺不能應付變化，而又不想觀察現實中變化的頑固之人。

例一――

有個人乘船渡河時，不小心把劍掉落水中了，他連忙在船邊做了一個記號，等到船停靠岸邊時，才從有記號的地方下水去找劍，這終究是找不到的。（呂氏春秋）

例二――

有個學者想要去買鞋子，於是測量了自己腳的尺寸後記錄在紙上，誰知到了鞋舖後才發現忘記帶那張記錄的紙，連忙趕回家去拿。不料再返回鞋舖時，店已打烊買不到鞋子了。旁人提醒他說：「以你的腳去就鞋子，不就可以了嗎？」不料，他竟回答說：

「那怎麼行？我的記錄比腳更正確哩!!」（韓非子）

一八八、用犧牲部隊法來進行誘敵作戰

以輕卒嘗之，賤而勇者將之，期于北，毋期于得。

（『孫臏兵法』見威王問篇）

在棒球比賽中的犧牲打和高飛犧牲球，大家都認為是當然的作戰方法；但在實際的戰爭中，情形就不同了。關於這種在不同情形下的作戰法，『孫臏兵法』中有詳細地記載。

當彼此的勢力不相上下而陷於膠著狀態，不易先動手時，最好是先派出身著輕裝的部隊。但是，因為這是為了打開僵局、投石問路的犧牲品，所以，要利用身份低賤而且勇敢的人，即使明知他會逃亡，也不可期待戰果。

在被發掘出來的『孫臏兵法』中，還記載著可能是實際的戰事記錄。那是在孫臏當軍師伐魏時（參閱十項），他從部將中挑選了兩名不明兵法且不中用的人率領兩支部隊，去攻打敵方的重要基地，這兩個部隊在受到敵軍的夾攻而全軍覆沒，但本隊卻乘機往魏都進攻。

戰爭是一種用假象來欺騙和迷惑對方的學問。勇敢的人，不許他單獨前進；膽怯的人，不能單獨後退。這是指揮軍隊的重要原則。

一八九、賞罰雖必要但並非萬能

夫賞者，所以喜衆，令士忘死也。罰者，所以正亂，令民畏上也。可以益勝，非其急者也。（『孫臏兵法』威王問篇）

齊國的將軍田忌對孫臏提出一個問題：「當準備好戰鬥的勢態而即將交戰時，使士兵們絕對服從的關鍵性辦法是賞罰嗎？」

當時，孫臏所回答的就是前面這段話，意思是說：

「獎賞的確可使士兵們高興，也可使士兵們忘卻死亡的恐怖；但是，處罰卻是為了維持秩序、使部下服從上司，雖然對勝算有所幫助，但對雙方的交戰來說，並不是緊急的東西。」

於是田忌又問孫臏說：「那麼指揮權、士氣、作戰、策略等很重要嗎？」但是孫臏也加以否定。這時田忌忿然變色反問孫臏，孫臏才答道：「掌握敵情，估計地形的危險度……」可惜後半部因為出土的木簡失落，不知所言為何。

不過，關於指揮術，一般雖認為「賞罰」分明即夠用，但孫臏卻對這種風氣提出逆耳之言，認為賞罰是必要，卻不是萬能的。

一九〇、用兵須知八條

兵之勝在於篡卒，其勇在於制，其巧在於勢，其利在於信，其德在於道，其富在於亟歸，其強在於休民，其傷在於數戰。（『孫臏兵法』篡卒篇）

對於用兵的注意事項，兵法家曾從各種不同的角度論及，但孫臏把它歸為八大類。在第一條中，孫臏就舉出了精兵，這是和其他兵法家所不同的議論。

1. 帶來勝利的關鍵是精兵。
2. 培養勇敢善戰的軍隊，需要嚴正的規律。
3. 有旺盛的士氣才能巧妙地作戰。
4. 想要獲得戰果，就要信賴指導者。
5. 其德性，要看是否合乎道理。
6. 為了增進國力，必須在短期間結束戰爭。
7. 為加強戰力，必須先休養。
8. 頻繁的戰爭，必損害國力。

戰爭的勝利，不是靠僥倖取得的，戰前必須做好充分的準備，所以，往往在戰鬥開始之前，勝敗之勢就已經決定了。

一九一、帶來必勝的五個要點

恒勝有五。得主專制，勝。知道，勝。得眾，勝。左右和，勝。量敵計險，勝。（『孫臏兵法』篡卒篇）

中國人傳統上總喜歡用名數來整理概念，以便把概念弄得更明確些。例如『論語』中就有「三戒」、「五美」、「六言六弊」等等；『韓非子』中也有奸臣的「八術」和君主的「十過」等表現方法。在現代的日常生活中，也有「四種現代化」、「三不政策」、「五講四美」、「三優一學」等的口號條律。這完全是巧妙地活用漢字的特徵，以使他人更易了解己意。

「孫子兵法」也是一樣的，孫臏更經常使用這種手法，在本項中他把必勝的方法，歸納為下面五條。

1. 將得到名君，掌握指揮權則勝。
2. 方針明確（或精通戰術）則勝。
3. 將受到部下的信賴則勝。
4. 指揮部通力合作則勝。
5. 詳細地估計敵力和調查地形則勝。

一九二、遭致必敗的五個要點

恒不勝有五，御將，不勝。不知道，不勝。乖將，不勝。不用間，不勝。不得眾，不勝。（『孫臏兵法』篡卒篇）

中國人最喜愛對句。比方說：「君子和而不同，小人同而不和。」這是排列形式相同，而意思對立的字句，藉以使內容特別顯眼，這種方法不僅使用於修辭，也涉及美學、思考型態，乃至於生活方式。

既然有「必勝的五個條件」，也該有相對地「必敗的五個條件」，這種說法有時可能會淪為光是為了諧音的俏皮話，但是，對於思緒的整理卻非常有益處。

必敗的要點有五個：

1. 君主對將加以多餘的干涉則敗。
2. 方針不明確（或疏於戰術）則敗。
3. 指導部形成對立則敗。
4. 不活用間諜（沒有掌握敵情）則敗。
5. 部下對將不心服則敗。

一九三、天時、地利、人和的相互關係

天時、地利、人和，三者不得，雖勝有殃。（『孫臏兵法』月戰篇）

天、地、人——就是指時機、場所和人。這三者是做任何事情時的基本條件，缺一不可。

然而，這三者的關係如何呢？三者之中，那一項是最重要的主角呢？在將要對重要事項決定意志時，便要看到底注重什麼，如此就會有不同的結論。

『史記』中有一句話「人眾則勝天，天定則亦破人」。就是說由眾多的人去做事則可以勝天，但不久就要受到天的報應，這是「天優勢說」。

但是，孟子卻有不同的意見，他說：「天時不如地利，地利不如人和。」可見孟子認為人和比天時、地利更為重要。

孫臏雖然一方面認定「間於天地之間者，無貴於人」，但在另一方面又強調天時、地利、人和三個要素，缺少了任何一項，即使獲得了勝利，也是偶然的。否則就是強行硬幹得來的，不久可能招致不良的結果。

一九四、典型的不中用上司

智不足將兵，自恃也。勇不足將兵，自廣也。不知道，數戰不足，將兵，幸也。（『孫臏兵法』八陣篇）

把這一段話加以說明，便是和這種人物相同的人，在任何場所都可見到。

1. 沒有好的智力也坐在寶座上，真是自不量力。
2. 沒有勇氣的人坐到寶座上，也只有硬幹了。
3. 完全不懂戰略戰術，只熱衷於勝負而坐在寶座上，那只是運氣比較好而已。

以上三點好像都是在惡意地批評不中用的上司。

孫臏在另一方面，把表現得非常理想的將領稱為「王者之將」，並列舉了以下的條件。

1. 使得國泰民安，並提高君主的聲望。
2. 使人民能夠安居樂業。
3. 知天之道、地之理，向內能得到人民的信賴，向外則精通敵情。

一九五、不可佈陣的地方

絕水，迎陵，逆流，居殺地，迎眾樹者，鈞舉也。五者皆不勝。

（『孫臏兵法』地葆篇）

孫臏列舉了五種對於佈陣不利的場所，這些場所的共同不利條件為友軍的行動自由受到限制。戰爭要獲得勝利，最重要的條件是必須掌握主導權，但是，為此不但要靠自己的實力，也要多方面靠環境的幫助。只要能利用狀況，就可發揮勝過實力的力量。因此，該避免的佈陣地方如下：

1.佈陣於河岸（參閱一二三項）。
2.面向高地佈陣（參閱一二三項）。
3.佈陣於河下游。
4.佈陣低窪地帶（參閱一二三項）。
5.面向樹林佈陣。

『孫子』、『孫臏兵法』中，有關於地的意見都不少。『孫臏兵法』和已受到廣泛研究，又經過曹操等人修改，字句已變得易懂的『孫子』有所不同。『孫臏兵法』因為現在才出土，所以有很多地方意思不明。

一九六、前衛與後衛要保持密切聯繫

有鋒有後，相信不動，敵人必走。（『孫臏兵法』勢備篇）

刀劍有刀鋒與刀柄兒，佈陣也有先鋒（前衛）和打後陣（後衛）的，只要這兩者能夠首尾相應而不亂，便可以擊敗敵軍。

中國的古典經常使用「比喻」。說客歷訪諸國，當需要說服君主和實力者時，就編出一套辯論術，成為比喻的前身。

在本句中孫臏把刀劍比喻為佈陣，後來又加以說明：

「刀劍雖然朝夕帶在腰間，但是並不一定使用；佈陣也和刀劍一樣，並不一定要使用（但不可以疏忽）。刀如果沒有刀鋒，即使是用劍的高手也無法砍下去；同樣地，佈陣時如果沒有先鋒，即使身歷百戰的勇士也無法戰鬥。同時，刀劍若無刀柄，任憑高手也不能交鋒。相同地，沒有打後陣的佈陣，就是不懂戰鬥的。」

後來，又把弓比喻為「勢」、把舟車比喻為「變」、把槍矛比喻為「權」。但除了弓的部份以外，因木簡缺落，便無法研讀了。

一九七、按狀況鼓勵的方式也不同

合軍聚眾，務在激氣。復徒合軍，務在治兵利氣。臨境近敵，務在勵氣。戰日有期，務在斷氣。今日將戰，務在延氣。（『孫臏兵法』延氣篇）

「孫子（孫武）兵法」中，不論是對敵友，都極重視推動人時「氣」的作用，並論及它的應注意事項（參照九八、九九）；孫臏也論及如何振奮部下的「氣」。

不過，孫臏在論及各個階段時，有各種不同的鼓勵方式，是非常獨到的見解。就是當部下顯得懶散倦怠時便給予打氣，如果太過於緊張，就助其緩和情緒，按照狀況的變化，鼓勵的方式也有所不同。

1. 編制軍隊召集士兵時——即要振奮士氣。
2. 出征時——把士氣集中於戰鬥。
3. 逼近國境靠近敵軍時——賦予勇氣。
4. 決定決戰的日期時——使士兵們下決心。
5. 將要戰鬥時——使士兵的心情輕鬆（這也可以解釋為「鬥志的持續」）。

一九八、用不同的手段對付不同的敵人

兵有五名，一曰威強，二曰軒驕，三曰剛至，四曰貪忌，五曰重柔。

（『孫臏兵法』五名五恭篇）

無論是輸贏或欲驅使人，為了應付不同的人，必須看穿對方的性格，才能採取應付的辦法。因此，孫臏把敵軍的性質分為五種，而提示了各種不同的對付辦法。

1.盛氣凌人的敵人：因為對方必憑力氣進攻，所以，就要以柔軟的方法對付，輕輕地敷衍。

2.憤慨的對手：謙虛地對付以拖延時間，使其消耗戰力。

3.自以為是的對手：稍微加以捧高引誘，使之上當。

4.貪婪的對方：故意露出破綻，並從旁唆使，將之引誘出來，使之動彈不得。

5.虛有其表的對方：因為對方沒有自信，內心難免惶恐，最好是恫嚇對方，以觀察其反應；如果其打出來了便給予痛擊，如果不敢出來便採取包圍的姿態。

自己估計力量能夠完成就進攻，辦不到就撤退。要正確估量自己的能力才去做相應的事。

一九九、何種缺陷會招致敗北

將敗，一曰不能而自能。二曰驕，三曰貪于位。四曰貪于財。（五、缺）六曰輕。七曰遲。八曰寡勇。九曰勇而弱。十曰寡信。（十一～十三、缺）十四曰寡決。十五曰緩。十六曰怠。（十七、缺）十八曰賊。十九曰自私。廿曰自亂。（『孫臏兵法』將敗篇）

孫臏在此列舉了二十個會招致敗北的指導者缺陷，加以嚴厲的批評。（其中⑤⑪⑫⑬⑰等五項缺漏）。

①實在是無能，但自認有能力。②驕傲。③對地位貪戀。④對財貨貪婪。⑥輕率。⑦腦筋遲鈍。⑧沒有勇氣。⑨有勇氣而沒有體力。⑩經常撒謊。⑭沒有決斷力。⑮動作遲鈍。⑯所作所為隨便。⑱殘忍。⑲自私自利。⑳自亂規律。

將領應該以勇敢無畏作為基本品質，並且還要有機智的計謀。只是一味地仗恃自己的勇敢，那只不過是一個普通人的敵手而已。

二〇〇、強不是永遠強，弱不是永遠弱

盈勝虛……盈故盈之，虛故虛之……盈虛相爲變……毋以盈當盈……盈虛相當……盈故可虛……。（『孫臏兵法』積疏篇）

孫子兵法的基本思想認為陰與陽、善與惡等一切事物都有兩面，對立的事物也會互相影響或互相轉變。（請參閱六四）

孫臏也基於相同的想法，使用積與疏、盈與虛、疾與徐、眾與寡、佚與勞等對立的事物，來說明兵法的思想。本項引用了其中和盈（充實）與虛（空）有關的部份，以下暫且用強與弱來研究一下。

強勝於弱。所以，強則愈強，弱則愈弱。但是，強的不是永遠強，弱的不是永遠弱，強與弱是會互相變化的。

因此，不能以強對抗強，還是需要考慮強與弱的相對關係。同時必須助長內藏著的弱轉為強，而使弱轉變為強。

正確的了解自己的長處和短處，也正確的了解敵人的長處和短處，就能每戰必勝。這是一則恆久不變的原則。

〈小知識〉

(1)中國的「城」與日本的「城」

中國的「城」與日本的「城」字形雖然相同，但是概念完全不同。日本的城是領主（諸侯）所居住的公館，是軍事設施的一種；但是中國的城則是指市鎮，因此城市也可以說是都市。

中國的「城」起源於古代的都市國家，住民為了防禦外敵入侵，而用土牆把村落圍繞起來。

等到市鎮逐漸擴大，城牆和城門也建造得更為壯麗堂皇。據說西元前位於山東省北部的齊國故都——臨沂，即把基底部寬四十公尺的城壁加以延長至一百四十公里，城內住了七萬戶。

因此，兵法中所謂的攻城，並不是打攻城堡，而是相當於攻擊都市。

(2)最初的文字是寫在「竹簡」上的

在西元一世紀發明紙以前，文字都是寫在竹片或細長的木頭牌子上，稱之為竹簡或木簡，再用繩子編起來加以保存。數的時候便以「冊」為單位，所用的「冊」字即是竹簡的象形。（柵字就是表示把木樁排列下來的東西）

『孫子』『韓非子』『論語』『老子』等書，最初就是寫在這種竹簡上的。以後，才轉寫在紙上而傳到後世。

竹簡的遺物自本世紀以來，在絲路的遺跡中陸續地被發現了。一九七二年於山東省臨沂的漢代墳墓裏，挖掘了約五千個竹簡的『孫臏兵法』。失落了兩千多年的文獻，也因此而終於重見天日了。

(3)與孫子有緣故的蘇州

從上海搭乘普通列車約一小時後即可到達長江下游最古老的城市——蘇州。此地是二千五百年前曾經繁榮過一時的吳的故都。市區西北方三公里處有個虎丘，據說那是吳王闔閭的墳墓，也是個名勝古蹟。

在虎丘的一角，有個孫子訓練女兵的廣場遺跡，在傳說中，蘇州有很多地方都與孫子有密不可分的關係。

例如，寒山寺附近的楓橋西南有座「孫武子橋」，據說他曾居住於此。另外，虞山也有紀念孫子的亭子。

孫子在蘇州不但傳授兵法，也因奠定了各產業的基礎而流芳。

(4)孫子、孫武

『孫子』，周朝孫武撰，一卷，分十三篇。杜牧說：『孫子』一書本來數十萬萬言，經曹操削其繁雜，錄其精粹以成此書。『孫子』深入淺出，簡易可用，為古今第一部討論兵法的傑出著作。該書注本甚多。

孫武是春秋時的兵家。字長卿，齊國人，以善於用兵著稱，吳王闔閭任用孫武為將，西破楚國，北威齊、晉，於是稱霸諸侯。著有『孫子』十三篇（『漢書、藝文志』著錄『孫子兵法』八十二篇）。

(5)劉邦

（前二五六或前二四七—前一九五）字季。即漢高祖。尊號高皇帝。沛縣豐邑（今江蘇豐縣）人。西漢王朝的建立者。公元前二〇二—前一九五年在位。曾任泗水（今江蘇沛縣東）亭長。公元前二〇九年，陳勝起義時，在沛地聚眾二三千人起兵響應，稱沛公。

公元前二〇二年，圍項羽於垓下（今安徽靈壁東南），項羽不敵，逃至烏江（今安徽和縣東北）自刎；同年二月，即帝位於定陶（今山東定陶縣）附近的汜水之南，都洛陽，建立漢朝。

大展出版社有限公司 品冠文化出版社	圖書目錄

地址：台北市北投區(石牌)
致遠一路二段 12 巷 1 號
郵撥：01669551<大展>
19346241<品冠>
電話：(02) 28236031
28236033
28233123
傳真：(02) 28272069

・熱門新知・品冠編號 67

1.	圖解基因與 DNA	（精）	中原英臣主編	230 元
2.	圖解人體的神奇	（精）	米山公啟主編	230 元
3.	圖解腦與心的構造	（精）	永田和哉主編	230 元
4.	圖解科學的神奇	（精）	鳥海光弘主編	230 元
5.	圖解數學的神奇	（精）	柳谷晃著	250 元
6.	圖解基因操作	（精）	海老原充主編	230 元
7.	圖解後基因組	（精）	才園哲人著	230 元
8.	圖解再生醫療的構造與未來		才園哲人著	230 元
9.	保護身體的免疫構造		才園哲人著	230 元

・生活廣場・品冠編號 61

1.	366 天誕生星	李芳黛譯	280 元
2.	366 天誕生花與誕生石	李芳黛譯	280 元
3.	科學命相	淺野八郎著	220 元
4.	已知的他界科學	陳蒼杰譯	220 元
5.	開拓未來的他界科學	陳蒼杰譯	220 元
6.	世紀末變態心理犯罪檔案	沈永嘉譯	240 元
7.	366 天開運年鑑	林廷宇編著	230 元
8.	色彩學與你	野村順一著	230 元
9.	科學手相	淺野八郎著	230 元
10.	你也能成為戀愛高手	柯富陽編著	220 元
11.	血型與十二星座	許淑瑛編著	230 元
12.	動物測驗—人性現形	淺野八郎著	200 元
13.	愛情、幸福完全自測	淺野八郎著	200 元
14.	輕鬆攻佔女性	趙奕世編著	230 元
15.	解讀命運密碼	郭宗德著	200 元
16.	由客家了解亞洲	高木桂藏著	220 元

・女醫師系列・品冠編號 62

1.	子宮內膜症	國府田清子著	200 元
2.	子宮肌瘤	黑島淳子著	200 元

3. 上班女性的壓力症候群　池下育子著　200元
4. 漏尿、尿失禁　中田真木著　200元
5. 高齡生產　大鷹美子著　200元
6. 子宮癌　上坊敏子著　200元
7. 避孕　早乙女智子著　200元
8. 不孕症　中村春根著　200元
9. 生理痛與生理不順　堀口雅子著　200元
10. 更年期　野末悅子著　200元

・傳統民俗療法・品冠編號 63

1. 神奇刀療法　潘文雄著　200元
2. 神奇拍打療法　安在峰著　200元
3. 神奇拔罐療法　安在峰著　200元
4. 神奇艾灸療法　安在峰著　200元
5. 神奇貼敷療法　安在峰著　200元
6. 神奇薰洗療法　安在峰著　200元
7. 神奇耳穴療法　安在峰著　200元
8. 神奇指針療法　安在峰著　200元
9. 神奇藥酒療法　安在峰著　200元
10. 神奇藥茶療法　安在峰著　200元
11. 神奇推拿療法　張貴荷著　200元
12. 神奇止痛療法　漆 浩 著　200元
13. 神奇天然藥食物療法　李琳編著　200元

・常見病藥膳調養叢書・品冠編號 631

1. 脂肪肝四季飲食　蕭守貴著　200元
2. 高血壓四季飲食　秦玖剛著　200元
3. 慢性腎炎四季飲食　魏從強著　200元
4. 高脂血症四季飲食　薛輝著　200元
5. 慢性胃炎四季飲食　馬秉祥著　200元
6. 糖尿病四季飲食　王耀獻著　200元
7. 癌症四季飲食　李忠著　200元
8. 痛風四季飲食　魯焰主編　200元
9. 肝炎四季飲食　王虹等著　200元
10. 肥胖症四季飲食　李偉等著　200元
11. 膽囊炎、膽石症四季飲食　謝春娥著　200元

・彩色圖解保健・品冠編號 64

1. 瘦身　主婦之友社　300元
2. 腰痛　主婦之友社　300元
3. 肩膀痠痛　主婦之友社　300元

4. 腰、膝、腳的疼痛 主婦之友社 300元
5. 壓力、精神疲勞 主婦之友社 300元
6. 眼睛疲勞、視力減退 主婦之友社 300元

・心想事成・品冠編號 65

1. 魔法愛情點心 結城莫拉著 120元
2. 可愛手工飾品 結城莫拉著 120元
3. 可愛打扮 & 髮型 結城莫拉著 120元
4. 撲克牌算命 結城莫拉著 120元

・少年偵探・品冠編號 66

1. 怪盜二十面相 （精） 江戶川亂步著 特價 189元
2. 少年偵探團 （精） 江戶川亂步著 特價 189元
3. 妖怪博士 （精） 江戶川亂步著 特價 189元
4. 大金塊 （精） 江戶川亂步著 特價 230元
5. 青銅魔人 （精） 江戶川亂步著 特價 230元
6. 地底魔術王 （精） 江戶川亂步著 特價 230元
7. 透明怪人 （精） 江戶川亂步著 特價 230元
8. 怪人四十面相 （精） 江戶川亂步著 特價 230元
9. 宇宙怪人 （精） 江戶川亂步著 特價 230元
10. 恐怖的鐵塔王國 （精） 江戶川亂步著 特價 230元
11. 灰色巨人 （精） 江戶川亂步著 特價 230元
12. 海底魔術師 （精） 江戶川亂步著 特價 230元
13. 黃金豹 （精） 江戶川亂步著 特價 230元
14. 魔法博士 （精） 江戶川亂步著 特價 230元
15. 馬戲怪人 （精） 江戶川亂步著 特價 230元
16. 魔人銅鑼 （精） 江戶川亂步著 特價 230元
17. 魔法人偶 （精） 江戶川亂步著 特價 230元
18. 奇面城的秘密 （精） 江戶川亂步著 特價 230元
19. 夜光人 （精） 江戶川亂步著 特價 230元
20. 塔上的魔術師 （精） 江戶川亂步著 特價 230元
21. 鐵人Q （精） 江戶川亂步著 特價 230元
22. 假面恐怖王 （精） 江戶川亂步著 特價 230元
23. 電人M （精） 江戶川亂步著 特價 230元
24. 二十面相的詛咒 （精） 江戶川亂步著 特價 230元
25. 飛天二十面相 （精） 江戶川亂步著 特價 230元
26. 黃金怪獸 （精） 江戶川亂步著 特價 230元

・武術特輯・大展編號 10

1. 陳式太極拳入門 馮志強編著 180元
2. 武式太極拳 郝少如編著 200元

3. 中國跆拳道實戰 100 例　岳維傳著　220 元
4. 教門長拳　蕭京凌編著　150 元
5. 跆拳道　蕭京凌編譯　180 元
6. 正傳合氣道　程曉鈴譯　200 元
8. 格鬥空手道　鄭旭旭編著　200 元
9. 實用跆拳道　陳國榮編著　200 元
10. 武術初學指南　李文英、解守德編著　250 元
11. 泰國拳　陳國榮著　180 元
12. 中國式摔跤　黃　斌編著　180 元
13. 太極劍入門　李德印編著　180 元
14. 太極拳運動　運動司編　250 元
15. 太極拳譜　清・王宗岳等著　280 元
16. 散手初學　冷　峰編著　200 元
17. 南拳　朱瑞琪編著　180 元
18. 吳式太極劍　王培生著　200 元
19. 太極拳健身與技擊　王培生著　250 元
20. 秘傳武當八卦掌　狄兆龍著　250 元
21. 太極拳論譚　沈　壽著　250 元
22. 陳式太極拳技擊法　馬　虹著　250 元
23. 二十四式/三十二式太極拳/劍　闞桂香著　180 元
24. 楊式秘傳 129 式太極長拳　張楚全著　280 元
25. 楊式太極拳架詳解　林炳堯著　280 元
26. 華佗五禽劍　劉時榮著　180 元
27. 太極拳基礎講座：基本功與簡化 24 式　李德印著　250 元
28. 武式太極拳精華　薛乃印著　200 元
29. 陳式太極拳拳理闡微　馬　虹著　350 元
30. 陳式太極拳體用全書　馬　虹著　400 元
31. 張三豐太極拳　陳占奎著　200 元
32. 中國太極推手　張　山主編　300 元
33. 48 式太極拳入門　門惠豐編著　220 元
34. 太極拳奇人奇功　嚴翰秀編著　250 元
35. 心意門秘籍　李新民編著　220 元
36. 三才門乾坤戊己功　王培生編著　220 元
37. 武式太極劍精華＋VCD　薛乃印編著　350 元
38. 楊式太極拳　傅鐘文演述　200 元
39. 陳式太極拳、劍 36 式　闞桂香編著　250 元
40. 正宗武式太極拳　薛乃印著　220 元
41. 杜元化＜太極拳正宗＞考析　王海洲等著　300 元
42. ＜珍貴版＞陳式太極拳　沈家楨著　280 元
43. 24 式太極拳＋VCD　中國國家體育總局著　350 元
44. 太極推手絕技　安在峰編著　250 元
45. 孫祿堂武學錄　孫祿堂著　300 元
46. ＜珍貴本＞陳式太極拳精選　馮志強著　280 元
47. 武當趙堡太極拳小架　鄭悟清傳授　250 元

48.	太極拳習練知識問答	邱丕相主編	220 元
49.	八法拳 八法槍	武世俊著	220 元
50.	地趟拳＋VCD	張憲政著	350 元
51.	四十八式太極拳＋VCD	楊 靜演示	400 元
52.	三十二式太極劍＋VCD	楊 靜演示	300 元
53.	隨曲就伸 中國太極拳名家對話錄	余功保著	300 元
54.	陳式太極拳五功八法十三勢	鬫桂香著	200 元
55.	六合螳螂拳	劉敬儒等著	280 元
56.	古本新探華佗五禽戲	劉時榮編著	180 元
57.	陳式太極拳養生功＋VCD	陳正雷著	350 元
58.	中國循經太極拳二十四式教程	李兆生著	300 元
59.	<珍貴本>太極拳研究	唐豪・顧留馨著	250 元
60.	武當三豐太極拳	劉嗣傳著	300 元
61.	楊式太極拳體用圖解	崔仲三編著	400 元
62.	太極十三刀	張耀忠編著	230 元
63.	和式太極拳譜＋VCD	和有祿編著	450 元
64.	太極內功養生術	關永年著	300 元
65.	養生太極推手	黃康輝編著	280 元
66.	太極推手祕傳	安在峰編著	300 元
67.	楊少侯太極拳用架真詮	李璉編著	280 元
68.	細說陰陽相濟的太極拳	林冠澄著	350 元
69.	太極內功解祕	祝大彤編著	280 元

・彩色圖解太極武術・大展編號 102

1.	太極功夫扇	李德印編著	220 元
2.	武當太極劍	李德印編著	220 元
3.	楊式太極劍	李德印編著	220 元
4.	楊式太極刀	王志遠著	220 元
5.	二十四式太極拳（楊式）＋VCD	李德印編著	350 元
6.	三十二式太極劍（楊式）＋VCD	李德印編著	350 元
7.	四十二式太極劍＋VCD	李德印編著	350 元
8.	四十二式太極拳＋VCD	李德印編著	350 元
9.	16 式太極拳 18 式太極劍＋VCD	崔仲三著	350 元
10.	楊氏 28 式太極拳＋VCD	趙幼斌著	350 元
11.	楊式太極拳 40 式＋VCD	宗維潔編著	350 元
12.	陳式太極拳 56 式＋VCD	黃康輝等著	350 元
13.	吳式太極拳 45 式＋VCD	宗維潔編著	350 元
14.	精簡陳式太極拳 8 式、16 式	黃康輝編著	220 元
15.	精簡吳式太極拳<36 式拳架・推手>	柳恩久主編	220 元
16.	夕陽美功夫扇	李德印著	220 元
17.	綜合 48 式太極拳＋VCD	竺玉明編著	350 元
18.	32 式太極拳（四段）	宗維潔演示	220 元

・國際武術競賽套路・大展編號 103

1. 長拳　李巧玲執筆　220 元
2. 劍術　程慧琨執筆　220 元
3. 刀術　劉同為執筆　220 元
4. 槍術　張躍寧執筆　220 元
5. 棍術　殷玉柱執筆　220 元

・簡化太極拳・大展編號 104

1. 陳式太極拳十三式　陳正雷編著　200 元
2. 楊式太極拳十三式　楊振鐸編著　200 元
3. 吳式太極拳十三式　李秉慈編著　200 元
4. 武式太極拳十三式　喬松茂編著　200 元
5. 孫式太極拳十三式　孫劍雲編著　200 元
6. 趙堡太極拳十三式　王海洲編著　200 元

・導引養生功・大展編號 105

1. 疏筋壯骨功＋VCD　張廣德著　350 元
2. 導引保建功＋VCD　張廣德著　350 元
3. 頤身九段錦＋VCD　張廣德著　350 元
4. 九九還童功＋VCD　張廣德著　350 元
5. 舒心平血功＋VCD　張廣德著　350 元
6. 益氣養肺功＋VCD　張廣德著　350 元
7. 養生太極扇＋VCD　張廣德著　350 元
8. 養生太極棒＋VCD　張廣德著　350 元
9. 導引養生形體詩韻＋VCD　張廣德著　350 元
10. 四十九式經絡動功＋VCD　張廣德著　350 元

・中國當代太極拳名家名著・大展編號 106

1. 李德印太極拳規範教程　李德印著　550 元
2. 王培生吳式太極拳詮真　王培生著　500 元
3. 喬松茂武式太極拳詮真　喬松茂著　450 元
4. 孫劍雲孫式太極拳詮真　孫劍雲著　350 元
5. 王海洲趙堡太極拳詮真　王海洲著　500 元
6. 鄭琛太極拳道詮真　鄭琛著　450 元

・古代健身功法・大展編號 107

1. 練功十八法　蕭凌編著　200 元
2. 十段錦運動　劉時榮編著　180 元

3. 二十八式長壽健身操 劉時榮著 180元
4. 簡易太極拳健身功 王建華著 200元

・名師出高徒・大展編號 111

1. 武術基本功與基本動作 劉玉萍編著 200元
2. 長拳入門與精進 吳彬等著 220元
3. 劍術刀術入門與精進 楊柏龍等著 220元
4. 棍術、槍術入門與精進 邱丕相編著 220元
5. 南拳入門與精進 朱瑞琪編著 220元
6. 散手入門與精進 張山等著 220元
7. 太極拳入門與精進 李德印編著 280元
8. 太極推手入門與精進 田金龍編著 220元

・實用武術技擊・大展編號 112

1. 實用自衛拳法 溫佐惠著 250元
2. 搏擊術精選 陳清山等著 220元
3. 秘傳防身絕技 程崑彬著 230元
4. 振藩截拳道入門 陳琦平著 220元
5. 實用擒拿法 韓建中著 220元
6. 擒拿反擒拿 88 法 韓建中著 250元
7. 武當秘門技擊術入門篇 高翔著 250元
8. 武當秘門技擊術絕技篇 高翔著 250元
9. 太極拳實用技擊法 武世俊著 220元
10. 奪凶器基本技法 韓建中著 220元

・中國武術規定套路・大展編號 113

1. 螳螂拳 中國武術系列 300元
2. 劈掛拳 規定套路編寫組 300元
3. 八極拳 國家體育總局 250元
4. 木蘭拳 國家體育總局 230元

・中華傳統武術・大展編號 114

1. 中華古今兵械圖考 裴錫榮主編 280元
2. 武當劍 陳湘陵編著 200元
3. 梁派八卦掌（老八掌） 李子鳴遺著 220元
4. 少林 72 藝與武當 36 功 裴錫榮主編 230元
5. 三十六把擒拿 佐藤金兵衛主編 200元
6. 武當太極拳與盤手 20 法 裴錫榮主編 220元

·少林功夫· 大展編號 115

1.	少林打擂秘訣	德虔、素法編著	300 元
2.	少林三大名拳 炮拳、大洪拳、六合拳	門惠豐等著	200 元
3.	少林三絕 氣功、點穴、擒拿	德虔編著	300 元
4.	少林怪兵器秘傳	素法等著	250 元
5.	少林護身暗器秘傳	素法等著	220 元
6.	少林金剛硬氣功	楊維編著	250 元
7.	少林棍法大全	德虔、素法編著	250 元
8.	少林看家拳	德虔、素法編著	250 元
9.	少林正宗七十二藝	德虔、素法編著	280 元
10.	少林瘋魔棍闡宗	馬德著	250 元
11.	少林正宗太祖拳法	高翔著	280 元
12.	少林拳技擊入門	劉世君編著	220 元
13.	少林十路鎮山拳	吳景川主編	300 元
14.	少林氣功祕集	釋德虔編著	220 元
15.	少林十大武藝	吳景川主編	450 元

·迷蹤拳系列· 大展編號 116

1.	迷蹤拳（一）+VCD	李玉川編著	350 元
2.	迷蹤拳（二）+VCD	李玉川編著	350 元
3.	迷蹤拳（三）	李玉川編著	250 元
4.	迷蹤拳（四）+VCD	李玉川編著	580 元
5.	迷蹤拳（五）	李玉川編著	250 元

·原地太極拳系列· 大展編號 11

1.	原地綜合太極拳 24 式	胡啟賢創編	220 元
2.	原地活步太極拳 42 式	胡啟賢創編	200 元
3.	原地簡化太極拳 24 式	胡啟賢創編	200 元
4.	原地太極拳 12 式	胡啟賢創編	200 元
5.	原地青少年太極拳 22 式	胡啟賢創編	220 元

·道學文化· 大展編號 12

1.	道在養生：道教長壽術	郝勤等著	250 元
2.	龍虎丹道：道教內丹術	郝勤著	300 元
3.	天上人間：道教神仙譜系	黃德海著	250 元
4.	步罡踏斗：道教祭禮儀典	張澤洪著	250 元
5.	道醫窺秘：道教醫學康復術	王慶餘等著	250 元
6.	勸善成仙：道教生命倫理	李剛著	250 元
7.	洞天福地：道教宮觀勝境	沙銘壽著	250 元
8.	青詞碧簫：道教文學藝術	楊光文等著	250 元

9. 沈博絕麗：道教格言精粹　朱耕發等著　250 元

・易 學 智 慧・大展編號 122

1. 易學與管理　余敦康主編　250 元
2. 易學與養生　劉長林等著　300 元
3. 易學與美學　劉綱紀等著　300 元
4. 易學與科技　董光壁著　280 元
5. 易學與建築　韓增祿著　280 元
6. 易學源流　鄭萬耕著　280 元
7. 易學的思維　傅雲龍等著　250 元
8. 周易與易圖　李申著　250 元
9. 中國佛教與周易　王仲堯著　350 元
10. 易學與儒學　任俊華著　350 元
11. 易學與道教符號揭秘　詹石窗著　350 元
12. 易傳通論　王博著　250 元
13. 談古論今說周易　龐鈺龍著　280 元
14. 易學與史學　吳懷祺著　230 元
15. 易學與天文　盧央著　230 元
16. 易學與生態環境　楊文衡著　230 元
17. 易學與中國傳統醫學　蕭漢民著　280 元

・神 算 大 師・大展編號 123

1. 劉伯溫神算兵法　應涵編著　280 元
2. 姜太公神算兵法　應涵編著　280 元
3. 鬼谷子神算兵法　應涵編著　280 元
4. 諸葛亮神算兵法　應涵編著　280 元

・鑑 往 知 來・大展編號 124

1. 《三國志》給現代人的啟示　陳羲主編　220 元
2. 《史記》給現代人的啟示　陳羲主編　220 元
3. 《論語》給現代人的啟示　陳羲主編　220 元

・秘傳占卜系列・大展編號 14

1. 手相術　淺野八郎著　180 元
2. 人相術　淺野八郎著　180 元
3. 西洋占星術　淺野八郎著　180 元
4. 中國神奇占卜　淺野八郎著　150 元
5. 夢判斷　淺野八郎著　150 元
7. 法國式血型學　淺野八郎著　150 元
8. 靈感、符咒學　淺野八郎著　150 元

9. 紙牌占卜術	淺野八郎著	150 元
10. ESP 超能力占卜	淺野八郎著	150 元
11. 猶太數的秘術	淺野八郎著	150 元
13. 塔羅牌預言秘法	淺野八郎著	200 元

・趣味心理講座・大展編號 15

1. 性格測驗（1） 探索男與女	淺野八郎著	140 元
2. 性格測驗（2） 透視人心奧秘	淺野八郎著	140 元
3. 性格測驗（3） 發現陌生的自己	淺野八郎著	140 元
4. 性格測驗（4） 發現你的真面目	淺野八郎著	140 元
5. 性格測驗（5） 讓你們吃驚	淺野八郎著	140 元
6. 性格測驗（6） 洞穿心理盲點	淺野八郎著	140 元
7. 性格測驗（7） 探索對方心理	淺野八郎著	140 元
8. 性格測驗（8） 由吃認識自己	淺野八郎著	160 元
9. 性格測驗（9） 戀愛知多少	淺野八郎著	160 元
10. 性格測驗（10）由裝扮瞭解人心	淺野八郎著	160 元
11. 性格測驗（11）敲開內心玄機	淺野八郎著	140 元
12. 性格測驗（12）透視你的未來	淺野八郎著	160 元
13. 血型與你的一生	淺野八郎著	160 元
14. 趣味推理遊戲	淺野八郎著	160 元
15. 行為語言解析	淺野八郎著	160 元

・婦 幼 天 地・大展編號 16

1. 八萬人減肥成果	黃靜香譯	180 元
2. 三分鐘減肥體操	楊鴻儒譯	150 元
3. 窈窕淑女美髮秘訣	柯素娥譯	130 元
4. 使妳更迷人	成　玉譯	130 元
5. 女性的更年期	官舒妍編譯	160 元
6. 胎內育兒法	李玉瓊編譯	150 元
7. 早產兒袋鼠式護理	唐岱蘭譯	200 元
9. 初次育兒 12 個月	婦幼天地編譯組	180 元
10. 斷乳食與幼兒食	婦幼天地編譯組	180 元
11. 培養幼兒能力與性向	婦幼天地編譯組	180 元
12. 培養幼兒創造力的玩具與遊戲	婦幼天地編譯組	180 元
13. 幼兒的症狀與疾病	婦幼天地編譯組	180 元
14. 腿部苗條健美法	婦幼天地編譯組	180 元
15. 女性腰痛別忽視	婦幼天地編譯組	150 元
16. 舒展身心體操術	李玉瓊編譯	130 元
17. 三分鐘臉部體操	趙薇妮著	160 元
18. 生動的笑容表情術	趙薇妮著	160 元
19. 心曠神怡減肥法	川津祐介著	130 元
20. 內衣使妳更美麗	陳玄茹譯	130 元

國家圖書館出版品預行編目資料

『孫子』給現代人的啟示／陳羲主編
－初版－臺北市，大展，民 94
面；21 公分－（鑑往知來；4）
ISBN 957-468-404-0（平裝）
1. 孫子兵法－研究與考訂

592.092　　94013182

（鑑往知來 4）
『孫子』給現代人的啟示　　ISBN 957-468-404-0

主 編 者／陳　　羲
發 行 人／蔡　森　明
出 版 者／大展出版社有限公司
社　　址／台北市北投區（石牌）致遠一路 2 段 12 巷 1 號
電　　話／(02) 28236031・28236033・28233123
傳　　真／(02) 28272069
郵政劃撥／01669551
網　　址／www.dah-jaan.com.tw
E-mail／service@dah-jaan.com.tw
登 記 證／局版臺業字第 2171 號
承 印 者／國順文具印刷行
裝　　訂／建鑫印刷裝訂有限公司
排 版 者／千兵企業有限公司
初版1刷／2005 年（民 94 年） 9 月

定　價／220 元

一億人閱讀的暢銷書！

4～26集　定價300元　特價230元

4.大金塊

5.青銅魔人

6.地底魔術王

7.透明怪人

8.怪人四十面相

9.宇宙怪人

10.恐怖的鐵塔王國

11.灰色巨人

12.海底魔術師

13.黃金豹

14.魔法博士

15.馬戲怪人

16.魔人銅鑼

17.魔法人偶

18.奇面城的秘密

19.夜光人

20.塔上的魔術師

21.鐵人Q

22.假面恐怖王

23.電人M

24.二十面相的詛咒

25.飛天二十面相

26.黃金怪獸

品冠文化出版社

地址：臺北市北投區
致遠一路二段十二巷一號
電話：〈02〉28233123
郵政劃撥：19346241